기초부터 실무까지

기하공차

김보영·호춘기 공저

⊥	0.2	A	B
◎	⌀0.2	A	
↗	0.1	A	
○	0.2		
⌀	0.2		
⊕	⌀0.2 Ⓜ Ⓡ	BⓇ	

ΓΕΟΜΕΤΡΙΧ
ΤΟΛΕΡΑΝΧΕ
ΠΡΑΧΤΙΧΕ

정밀형상에 관련된 기술은 치수가 중시되던 시기에는 치수의 높은 정밀도가 중시 되었고 현재에도 산업현장에서는 더 작은 단위 크기의 정밀도가 요구되고 있다. 산업이 점차 고도화되어 기계장치, 부품에 더 높은 성능과 기능이 요구되면서 제품의 치수 정밀도만으로는 필요한 수준의 성능을 충족하지 못하자 이를 해결하는 과정에서 기하학적인 형상에 대한 정밀도의 규제가 이루어졌으며 기하학적 형상에 대한 요구는 단순 형상 정밀도 요구로 시작되었지만 이제는 점차 구체화되어 형상 정의, 표현, 공차 범위 등에 대한 구체적인 기준이 국제 표준으로 제정되었다.

미국기계학회(ASME)에서 독자적인 기준으로 제정되어 사용되던 많은 부분들이 현재는 국제표준화기구(ISO)에서 표준으로 적용되고 있으며 한국산업규격(KS)에서도 점차 ISO기준을 현행화하여 표준으로 제정되어 있다.

일반적으로 높은 치수 정밀도를 적용하기 위해 도면은 허용 치수공차 범위를 더욱 작게 설정하게 되며 치수공차와 기하공차는 독립적으로 적용되는 것이 원칙이나 이론상 제품의 품질이 유지되는 조건에서 상호 연계되는 방법을 적용하여 생산성을 높이는 것도 가능하지만 이런 일부 이론은 품질과 생산성 관계에서 상충될 수도 있다. 산업현장에서는 생산성 보다 높은 품질이 우선 요구되는 경우가 많아 치수공차와 기하공차의 연계되는 해석을 하지 않는 경우도 많다.

대학 교육이나 산업현장에서는 학습자가 직접 여러 군데 나누어져 있는 기하공차 관련 KS규격을 찾아 이해하고 해석하기란 쉬운 일이 아니라고 생각되어 KS 관련 규격을 편집하고 저자가 산업체와 대학에서 강의하면서 느낀 필요한 기하공차 관련 분야를 모아 본 교재에 담았다.

기하공차는 학문으로 독창적인 것이 아니며 표준규격으로 제정되어 있는 것을 산업현장에 통일된 표준 방법으로 이해하고 일관되게 해석되어 널리 보급되어야 할 필요가 있다고 본다.

교재는 이러한 것에 바탕을 두고 관련 이론의 KS 규격번호를 표시하여 독자가 필요하면 쉽게 참고하도록 하였으며 기하공차의 일반적인 이론 이외에 각 기하공차 정의와 함께 규제 도면 해석, 기하공차 해석을 하였고 일반적으로 기하공차를 포괄적으로 측정할 수 있는 3차원측정기를 사용한 기하공차 측정에 대해서 각각 설명하여 기하공차를 처음 공부하는 사람과 현장에서 적용하는 사람까지 필요한 내용을 다루고 있다. 또한 부록에서 각 기하 공차 종류별 3차원측정기(측정기 점유율이 비교적 높은 2개 사 장비 기준)를 이용한 측정 방법이 있어 이론의 논리적인 사고와 실무 적용이 연계된 학습에 도움이 되도록 하였다.

본문 일부에서 인용 KS의 분류번호 표기 시 완전한 표현보다는 표현의 단순화를 위해 분류분야(A, B, C, D)와 ISO 문자를 생략하고 검색 등에서 필요한 번호로만 표기하는 방법으로 나타내었다.

아무쪼록 이 책을 통하여 학교 교육 현장과 산업 현장에서 미력하나마 도움이 되길 바라며 국가기술 표준 보급에 이바지 하게 되길 기원한다. 끝으로 교재가 완성되기까지 책의 출판을 위해 수고한 마지원 대표님과 자문에 응해주신 교수님, 산업현장 전문가 여러분께 감사드린다.

CONTENTS
기초부터 실무까지 **기하공차**

CONTENTS

기초부터 실무까지 기하공차

CHAPTER 03   기하공차의 종류와 해석

기초부터 실무까지
기하공차

기하공차의 기초

기하공차의 기초

기하공차의 의미

1 기하공차의 적용 표준

제품을 생산하기 위한 규격을 나타내는 설계 도면에는 제품의 재질이나 모양, 치수 등이 기본적으로 필요한데 제품의 요구 성능이 높아지고 이에 따른 정밀도가 고도화 되어 매우 작은 치수 정밀도를 요구하는 단계로 가면서 제품의 형상 특성, 자세 특성, 위치 특성 및 흔들림 등의 설계와 가공, 측정에서 필요한 여러 가지 기하학적 형상에 대한 정밀도의 특성별 기준을 총칭해서 기하공차라고 한다.

기하공차는 기계제도 이론의 한 부분에 포함해서 다루어지고 있었으나 최근에 그 내용과 기준이 정밀해지고 구체적인 방법으로 정의 되면서 독립적인 분야로 다루어 지는 추세다.

기하공차의 적용 표준은 국가표준(KS)으로 제정되어 보급되고 있다. KS에 담긴 기하공차는 KS & 일련번호로 된 것과 KS ISO & 일련번호로 된 것이 있는데 많은 부분이 ISO(International Organization for Standardization ; 국제표준화기 구), ASME에서 제정된 기준을 그대로 따르거나 참조 또는 공유해 사용하는 경향이 며 KS ISO & 일련번호 형식이 대다수다.

KS의 기하공차는 KS A(기본)과 KS B(기계)분야에 대부분 포함되어 있다. 또한 KS기준이나 ISO기준은 지속적으로 보완, 수정을 거듭하고 있다.

국가표준에서 기하공차는 「KS A ISO 1101 기하학적 제품시방(GPS) — 기하 공차 표시 방식 ― 형상, 자세, 위치 및 흔들림 공차의 표시 방법」에 많은 내용이 있으며 주요 내용은 기하공차의 가장 큰 기준에 해당되는 기본 개념, 기하공차 상호 관계, 교차평면, 집합평면, 자세평면, 기하공차(형상공차, 자세공차, 위치공차, 흔들림공차) 정의 등 전반적인 사항이 포함되어 있다.

2 기하공차와 관련된 국가표준(KS) 표준번호 및 명칭

국가표준으로 제정되어 보급되어 활용하고 있는 것들 중 일반적인 것들과 참고 내용들은 다음의 분류 표기와 번호, 명칭으로 되어있으며 각 명칭에 대한 주요 내용에 대해 언급하고 있다.

● KS B ISO 17450-1 제품의 형상명세(GPS) ― 일반개념 ― 제1부 : 형상명세와 검증용 모델

   주요 내용 기하공차를 정의하기 위한 형상 모델의 용어 정의와 추출 기준 등

● KS B ISO 14405-1 제품의 형상명세(GPS) ― 치수공차기입 ― 제1부 : 선 치수

   주요 내용 선 치수 및 각도 치수의 일반공차 적용 방법

● KS B ISO 14405-2 제품의 형상명세(GPS) ― 치수공차기입 ― 제2부 : 선 치수 이외

   주요 내용 형상에서 치수를 추출하는 기준 및 치수를 규정하는 수식 기준 기호

● KS B ISO 2768-1 일반 공차 ― 제1부 : 개별 공차 지시가 없는 선 치수와 각도 치수에 대한 공차

   주요 내용 선 치수 및 각도 치수에서 일반공차의 해석 기준

● KS B ISO 2768-2 일반 공차 ― 제2부 : 개별 공차 지시가 없는 형체에 대한 기하공차

   주요 내용 기하공차가 규제되지 않은 경우 관습상 단일형상 공차, 관련형상공차 해석 기준 및 표현

- KS B ISO 129-1 제품의 기술 문서(TPD) — 치수 및 공차의 표시 — 제1부 : 일반 원칙

  주요 내용 도면의 치수와 공차 관련 용어와 기입 방법

- KS B ISO 2692 제품의 형상 명세(GPS) — 기하 공차 — 최대 실체 요구사항(MMR), 최소 실체 요구사항(LMR) 및 상호 요구사항(RPR)

  주요 내용 기하공차 규제 조건(MMR, LMR, RPR) 적용시 용어와 표현방법, 치수해석 기준

- KS B ISO 1 제품의 형상 명세(GPS) — 형상 및 치수특성의 명세를 위한 표준 기준 온도

  주요 내용 제품측정 환경 표준온도 정의

- KS A ISO 7083 제도 — 기하 공차 기호 — 비율과 크기 치수

  주요 내용 기하공차 기호와 기입 사각형 틀 치수 규격 기준

- KS A ISO 8015 제품의 형상 명세(GPS) — 기본사항 — 개념, 원칙 및 규칙

  주요 내용 도면에 표현된 내용 적용 원칙, 형체 원칙, 적용 치수 독립의 원칙 등

- KS B ISO 14638 제품 형상 명세(GPS) — 메트릭스 모델

  주요 내용 기하학적 특성별 GPS 시스템의 요구사항

- KS B ISO 286-1 제품의 형상 명세(GPS) — 선 치수의 공차에 대한 ISO 코드 시스템 — 제1부: 공차, 편차 및 끼워맞춤의 기본

  주요 내용 치수공차 관련된 용어 정의, 기준, 끼워맞춤 용어 상세 사항

- KS A ISO 1660 제품의 형상 명세(GPS) — 기하 공차 기입 — 윤곽도 공차

  주요 내용 윤곽도의 여러 가지 형체 기준과 상세 표현 및 해석

- KS B ISO 3040 제품의 형상 명세(GPS) — 치수 및 공차의 지시방법 — 원뿔

  주요 내용 원뿔형체에 정의에 필요한 테이퍼와 원뿔 공차 상세 사항

- KS B ISO 4287 제품의 형상 명세(GPS) — 표면조직 — 프로파일법 — 용어, 정의 및 표면 조직의 파라미터

  주요 내용 기하학적 형상 파라미터 용어와 표면 프로파일 파라미터

● KS B ISO 4288 제품의 형상 명세(GPS) — 표면의 결(조직) : 프로파일법 — 표면 결의 평가규칙 및 절차

주요 내용 표면거칠기 평가 용어와 매개변수, 측정 불확도

● KS B ISO 5458 제품의 형상 명세(GPS) — 기하공차 표시 — 패턴과 복합 형상 명세

주요 내용 제품의 도면에서 패턴 특성에 따른 기하공차 표시에 필요한 세부 기입 용어의 종류와 해석방법

● KS B ISO 5459 제품의 형상 명세(GPS) — 기하공차 표시 — 기하공차를 위한 데이텀 및 데이텀 시스템

주요 내용 형체의 정의 및 도면 표시에 필요한 부가적 용어와 데이텀

● KS B ISO 12181-1 제품의 형상 명세(GPS) — 진원도 — 제1부 : 진원도의 용어 및 파라미터

주요 내용 원, 단면, 기준원, 원주 관련 용어 및 필터 기능 관련 용어

● KS B ISO 12181-2 제품의 형상 명세(GPS) — 진원도 — 제2부 : 명세 수식자

주요 내용 진원도 추출을 위한 필터의 종류와 기준, 측정시스템

● KS B ISO 12780-1 제품의 형상 명세(GPS) — 진직도 — 제1부 : 진직도의 용어 및 파라미터

주요 내용 진직도 추출에 필요한 단면곡선, 추출선 기준선, 파라미터

● KS B ISO 12780-2 제품의 형상 명세(GPS) — 진직도 — 제2부 : 명세 수식자

주요 내용 진직도 필터, 컷오프, 촉침 선단, 측정시스템

● KS B ISO 12085 제품의 형상 명세(GPS) — 표면의 결(조직) : 프로파일법

주요 내용 거칠기 파라미터의 정의, 계산법, 측정조건

● KS B ISO 16610-21 제품 형상 명세(GPS) — 필터링 — 제21부 : 선형 프로파일 필터: 가우스 필터

주요 내용 프로파일에 대한 Gaussian 필터 특성과 함수 및 수식

길이나 지름 등의 치수는 지정된 요소의 크기만을 정의한다.

길이나 지름 등의 국부치수는 표시된 치수공차 한계를 벗어나서는 안된다(KS 14405-1).

소수점 원칙에 따라 공차 값 숫자 뒤에 표시되지 않은 소수점 아랫자리는 "0"을 의미한다.

치수 20은 20.000 000…과 동일하며, ±0.3은 ±0.300 000…과 동일하다(KS 8015).

기하공차는 기하학적인 형상에 대한 한계를 표시한다.

치수공차와 기하공차의 관계는 기본적으로 서로 독립적(독립의 원칙)이다(KS 8015).

치수와 기하공차(진직도 등)가 상호 의존된 상태로 해석되어 규제되려면 치수공차 뒤에 포락조건을 의미하는 기호 Ⓔ를 붙여야 한다(KS 8015).

치수공차와 기하공차는 도면에 표시된 것을 해석하는 경우와 표시되지는 않았지만 관습적으로 적용되는 공차가 통용된다(KS 2768-1, KS 2768-2).

관습적으로 적용되는 공차에 대해서는 KS에서 정한 크기와 등급기준으로 적용하되 이 허용 범위를 벗어난 경우는 무조건 불합격 처리하지 않고 기능적인 면을 고려하여 불합격 여부를 판단하여야 한다(KS 2768-1, KS 2768-2).

02 제품의 형상 명세(GPS)와 관련된 여러 원칙

형체에 관한 원칙 제품은 여러 형체에 의해 구성된 것으로 보며 형체간의 관계에 관한 것을 나타내는 GPS 명세는 전체 형체에 적용된다고 본다. 단 특정된 형체에 대한 GPS명세는 지정된 것 또는 지정된 관계에만 적용된다.

일반 명세 원칙 표제란의 내부 또는 근처에 일반 GPS명세가 표시되어 있지 않은 경우 도면에 있는 개별 GPS명세가 적용된다.

독립의 원칙   형체 또는 형체간 관계에 대한 모든 명세는 다른 명세와 독립적으로 치수공차와 기하공차도 서로 독립적이다(KS 8015).

- 치수 공차와 기하 공차는 특별한 상호 관계가 지정되지 않은 한 다른 어떤 치수나 공차 또는 특성과도 관련되지 않고 독립적으로 적용된다.
- 기준치수와 편차로 적용된 치수는 지정된 요소의 한계 값으로 최소허용치수와 최대허용치수 범위 내에 있어야 한다(KS 14405-1).
- 길이 기준치수와 편차로 적용된 치수는 지정된 요소의 한계 값으로 최소허용치수와 최대허용치수 범위 내에 있어야 한다.
- 각도 기준치수와 편차로 적용된 치수는 지정된 요소 경사면의 기준 위치(선)에 대해 허용되는 부채꼴 모양으로 된 범위의 편차를 말한다(KS 14405-2).
- 원통의 직경에 대해 적용된 치수공차는 지정된 요소의 한계 값으로 최소허용치수와 최대허용치수 범위 내에서 있어야 할 뿐이며, 즉 이 제품의 형상 공차인 진직도 허용 한계와는 무관하다.

1 포락의 원리

기본적인 치수공차 표현에서 적용되고 있는 독립 원칙을 변경하여 해석하기 위해 포락 요구사항(종전 테일러 법칙)을 정의한 원리이다.

포락의 원리를 적용하려면 포락 요구사항을 나타내는 표기가 필요하다.

치수공차 뒤에는 포락 요구사항 상세 수식자(기호 Ⓔ)를 붙여 표현한다.

몸체 형체(내부형체, 외부형체)에는 끼워맞춤을 고려하여 내부와 외부 몸체 형체에 대한 포락 조건 적용이 가능하다.

치수 추출 형체에 정의된 치수 특성 유형에 맞는 여러 가지 수식자를 사용할 수 있다.

※ **수식자 기호** : 문자를 타원으로 둘러싼 형체의 기호로 LP(2점 치수), LS(구에 정의된 치수), GG(최소제곱), GX(최대내접), GN(최소외접) 등의 선치수에 대한 명세 수식자 또는 치수에 대한 일반 명세 수식자((KS 14405-1).

2 치수에 대한 명세 수식자

선 치수를 어떤 기준으로 정의하느냐에 따라 제품의 측정 결과는 달라진다. 선치수에 대한 명세 수식자는 선치수를 정의하는 여러 기준을 기호로 표시하여 치수공차나 기하공차 규제 시 필요할 경우 사용하도록 되어 있다

(1) 선 치수에 대한 명세 수식자

(KS 14405-1)

선 치수를 어떤 기준과 함께 해석하거나 제한하는 방법, 도면 표시 방법 등에 관한 여러 가지 기준을 치수에 대한 일반 명세 수식자에서 포함하고 있다. 도면 규제에 필요한 경우 함께 사용할 수 있다.

[표 1-1] 에서 선의 치수를 제한할 때 적용하는 수식자를 나타내고 있다.

| 표 1-1 | 선 치수에 대한 명세 수식자

수식자	설명
LP	2점 치수(two point size_국부 치수로 2점 사이 거리)
LS	구에 의해 정의 된 국부 치수(spherical size_내접하는 구의 최대 지름)
GG	최소 제곱 관련 기준(least-squares size_최소 제곱 기준선끼리의 치수)
GX	최대 내접 관련 기준(maximum inscribed size_최소 제곱 기준선 간의 치수)
GN	최소 외접 관련 기준(maximum circumscribed size_최소 외접 기준선 간의 치수)
CC	원주 지름(계산 치수) (circumferential diameter_원의 원주를 원주율로 나눈 값 d)
CA	면적 지름(계산 치수) (area diameter_단면적 계산식에서 구한 지름 d)
CV	체적 지름(계산 치수) (volume diameter_원통의 단면적×길이에서 구한 지름 d)
SX	최대 치수(maximum size_2점 치수 등의 방법으로 구한 최대치수)
SN	최소 치수(minimum size_2점 치수 등의 방법으로 구한 최소치수)
SA	평균 치수(average size_2점 치수 등의 방법으로 구한 평균치수)
SM	중간 치수(median size_2점 치수 등의 방법으로 구한 치수의 중간값)
SD	중간범위 치수(mid-range size_2점 치수 등의 최대와 최소의 평균 치수)
SR	치수 범위(range size_2점 치수 등의 방법으로 구한 최대값-최소값)

선 치수에 대한 명세수식자는 치수기입 할 때 기준치수와 함께 쓰는 공차치수 뒤에 붙여 쓰고 필요 시 복수의 명세 수식자를 사용해도 된다.

> **사용 예 a** 25±0.1 (LP) (SA)
>
> ■ 사용 예 a 해석
>
> 투상 도면의 치수 표현에 (LP)와 (SA) 2개의 명세 수식자를 사용한 것으로 최소허용치수 24.9와 최대허용치수 25.1은 국부 치수로써 2점 사이의 거리 측정 방법(LP)으로 여러 지점의 측정치를 평균(SA)하여 정한다.

> **사용 예 b** KS B ISO 14405-1 (LP) (SA)
>
> ■ 사용 예 b 해석
>
> 도면의 표제란 내부나 바깥 근처(표제란 위)에 사용한 것으로 투상도에 기입된 치수는 KS B ISO 14405-1에 따른 명세수식자 LP, SA가 적용되었다.

(2) 치수에 대한 일반 명세 수식자

(14405-1)

도면의 치수에 사용되는 수식자는 치수와 함께 사용되어 치수의 의미를 부여하여 해석하게 되는 것으로 [표 1-2]에 그 내용을 설명하고 있다.

| 표 1-2 | **치수에 대한 일반 명세 수식자**

용어	기호	지시 예	「지시 예」 세부 설명
포락 요구사항	Ⓔ	20±0.1Ⓔ	포락조건(최대 · 최소 치수는 국부 2점 치수와 전체 형상 범위 치수에 동시 적용)
형체에서 임의의 제한 부분	/길이	20±0.1 /5	공차 ±0.1은 전길이 20에서 길이 5마다 ±0.1 공차를 적용
임의의 단면	ACS	20±0.1ACS	임의 지점에서 단면 치수를 지정
특정 고정 단면	SCS	20±0.1SCS	지정한 위치에서 단면 치수를 부여
하나 이상의 형체	숫자 ×	3× 20±0.1	3곳에 대해 공통적인 치수공차를 적용
공통 공차	CT	3× 20±0.1CT	3개 요소에 공통으로 치수공차를 적용
자유상태 조건	Ⓕ	20±0.1Ⓕ	유연한 제품에 대한 치수 측정 시 자유상태에서 치수로 지정

「숫자 × 」는 독립되어 떨어진 곳의 형체에 대해 지정하는 방법이다.

공통공차 「CT」는 하나의 몸체 형체로 간주되는 요소에 공통으로 적용하는 경우에 사용된다.

3× 20±0.1CT는 20±0.1의 3 요소에 지정 내용이 공통으로 적용된다는 의미이다.

자유상태 조건의 Ⓕ는 연질의 유연한 길이가 긴 재료의 경우 놓여진 상황에 따라 휘어지는 등의 변형되는 현상이 발생해 치수가 달라질 수 있는데 변형되었다고 하더라도 보정하지 않고 놓여진 상태대로 치수 조건을 지정하는 것이다.

3 독립의 원칙에 의한 치수공차 표시된 도면의 해석

(KS 8015)

[그림 1-1(a)]는 일반적인 도면에서 사용하는 치수공차로 (a)의 해석 과정이 (b)에 나타나 있다.

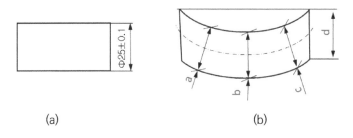

(a)   (b)

| 그림 1-1 | **도면의 치수 표시와 측정 해석**

a, b, c 치수는 독립적으로 제한되며 최소 ϕ24.9부터 최대 ϕ25.1 범위이어야 하며, 독립의 원칙 적용에 의해 d 치수는 제한되지 않는다(d의 크기와는 무관하다).

4 포락 조건으로 도시된 도면의 해석

[그림 1-2]는 포락 조건으로 규제된 치수기입으로 (a)처럼 포락 조건으로 해석하는 도면은 치수 뒤에 Ⓔ를 붙여 표기한다.

(1) 독립의 원칙 복습하기

포락조건 없이 치수공차로 설정된 도면에 대한 해석은 아래와 같다

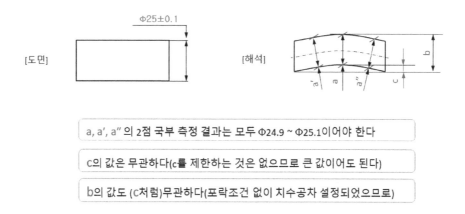

a, a', a"의 2점 국부 측정 결과는 모두 Φ24.9 ~ Φ25.1이어야 한다

c의 값은 무관하다(c를 제한하는 것은 없으므로 큰 값이어도 된다)

b의 값도 (c처럼)무관하다(포락조건 없이 치수공차 설정되었으므로)

(2) 포락조건 도면의 치수 해석

도면처럼 포락조건 Ⓔ로 설정된 도면을 해석하면 아래와 같다

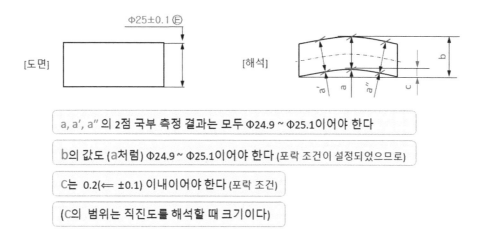

a, a', a"의 2점 국부 측정 결과는 모두 Φ24.9 ~ Φ25.1이어야 한다

b의 값도 (a처럼) Φ24.9 ~ Φ25.1이어야 한다 (포락 조건이 설정되었으므로)

c는 0.2(⟸ ±0.1) 이내이어야 한다 (포락 조건)

(c의 범위는 직진도를 해석할 때 크기이다)

즉, 포락 조건은 ⟸ 측정 시 치수편차의 여분이 기하공차 진직도 범위처럼 해석된다.
그러므로 외부 몸체 포락조건 $\phi25\pm0.1$Ⓔ의 의미를 살펴보면 최대값은
$\phi25+0.1$ ⒼⓃ (최소외접 기준선에 의한 최대허용치수 25.1)와 $\phi25+0.1$ ⓁⓅ
(국부 2점 치수에 의한 최대허용치수 25.1)를 동시에 지정한 것과 같다고 할 수 있다.

(KS 2768-1, KS 2768-2)

1 치수공차에 일반공차 적용 기준

도면에서 요구조건 표시를 단순화 하기 위하여 기준치수와 편차로 적용된 치수 이외에 기준치수로만 표시된 내·외부 크기, 직경, 각도 등은 KS 2768-1에 의해 일반공차 적용을 받는다. 선 치수, 모따기 치수, 각도 치수로 구분해 각각의 가공 정밀수준 공차 등급과 길이 또는 각도에 따라 결정된다. 기능적으로 일반공차보다 작은 공차를 필요로 하는 경우에는 도면상의 형상에 직접 나타내야 한다.

도면에서 일반공차를 적용하는 경우에는 표제란 위 또는 근처에 이를 표준 근거와 함께 나타내야 한다.

> 표시 예 [KS B ISO 2768-1] 또는 [KS B ISO 2768-1-m]

[표 1-3]과 [표 1-4]는 기준치수만 표시된 선치수에 적용하는 공차로 가공되는 공차 등급(KS B 0401에서 축과 구멍 적용 공차역 a ~ zc 중 구간별 대표 공차역 선정 사용)과 기준치수 크기에 따라 허용 편차가 결정된다.

| 표 1-3 | **모따기를 제외한 선 치수에 대한 허용 변화**

공차 등급		기준치수 범위에 대한 허용 편차(단위: mm)						
호칭	수준	0.5 이상 3 이하	3 초과 6 이하	6 초과 30 이하	30 초과 120 이하	120 초과 400 이하	400 초과 1000 이하	1000 초과 2000 이하
f	정밀급	±0.05	±0.05	±0.1	±0.15	±0.2	±0.3	±0.5
m	중간급	±0.1	±0.1	±0.2	±0.3	±0.5	±0.8	±1.2
c	거친급	±0.2	±0.3	±0.5	±0.8	±1.2	±2	±3
v	매우 거친급	–	±0.5	±1	±1.5	±2.5	±4	±6

현장에서 사용하는 도면에는 공차 등급 호칭을 영문자(f, m, c, v)로 사용하며 수준(정밀, 중간, …)은 이해를 위해 사용하였음. 0.5 mm 미만 공칭 크기에 대해 편차는 관련 공칭 크기에 근접하게 표시되어야 한다

| 표 1-4 | **모따기를 포함한 허용 편차(모서리 라운딩 및 모따기 치수)**

공차 등급			기준치수 범위에 대한 허용 편차(단위: mm)		
호칭	등급 수준	끼워맞춤 적용 수준	0.5 이상 3 이하	3 초과 6 이하	6 초과
f	정밀급	중간 끼워맞춤	±0.2	±0.5	±1
m	중간급	중간 끼워맞춤			
c	거친급	헐거운 끼워맞춤	±0.4	±1	±2
v	매우 거친급	억지 끼워맞춤			

0.5 mm 미만 공칭 크기에 대해 편차는 관련 공칭 크기에 근접하게 표시되어야 한다

[표 1-5]는 각도치수에 대한 일반 공차를 적용하기 위한 것으로 선치수처럼 각도 크기와 가공 공차 등급에 따라 결정된다.

| 표 1-5 | **각도 치수의 허용 편차**

공차 등급		짧은 면의 각도와 관련된 길이 범위(단위: mm)에 대한 허용 편차				
호칭	수준	10 이하	10초과 50 이하	50 초과 120 이하	120 초과 400 이하	400 초과
f	정밀급	±1˚	±0˚ 30′	±0˚ 20′	±0˚ 10′	±0˚ 5′
m	중간급					
c	거친급	±1˚ 30′	±1˚	±0˚ 30′	±0˚ 15′	±0˚ 10′
v	매우 거친급	±3˚	±2˚	±1	±0˚ 30′	±0˚ 20′

2 치수공차에 적용하는 일반공차의 해석

[그림 1-3]은 투상도에 선치수와 각도치수가 표시되어 있는데 (a), (b), (d), (e)는 기준치수로만 표시되어 있다. 이 경우 허용편차는 [표 1-1~3]에서 기준 치수에 맞는 값을 선택하되 적용할 가공 공차 등급을 관습상 작업장 정밀도 등을 기준으로 결정한다. 이렇게 하여 적용되는 허용 편차는 특별히 명시한 경우를 제외하고 일반 공차를 초과하는 가공물이라도 가공물의 기능이 손상되지 않는 경우라면 자동적으로 불합격 처리해서는 안된다.

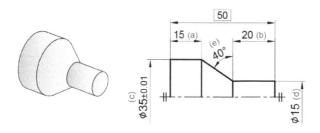

| 그림 1-3 | **치수를 나타낸 일반 도면**

투상된 도면을 보고 기준치수에 필요한 공차치수는 얼마로 해야 하나?

○ 도면 특징
  1) 투상도의 a, b, d 요소는 기준 치수만 있고 공차치수는 없다.
  2) 「표제란에 [KS B ISO 2768-1-m]으로 표기」 가정
○ 도면 해석 내용
  △ 정밀공차 적용 요소
    ◎는 베어링이 끼워맞춤 하기 위한 정밀 공차로 설계되어 있다고 본다.
  △ 일반공차 적용 요소 : 정밀공차 적용 요소가 아닌 나머지 요소
  △ 일반공차 설정 근거
    [KS B ISO 2768-1-m], 「모따기를제외한 선치수」 표에서 일반 공차 적용
○ 일반공차 설정 결과
  • (a)의 기준치수 15에 적용될 일반 공차는 KS 2768-1에서m 등급, 기준치수 15이므로 ±0.2 이다.
  • (b)의 기준치수 20에 적용될 일반공차는 KS 2768-1에서m 등급, 기준치수 20이므로 ±0.2 이다.
  • (d) 의 기준치수 15에 적용될 일반 공차는 KS 2768-1에서m 등급, 기준치수 15이므로 ±0.2 이다.
  • (e) 각도 40°에 적용될 공차는 「각도 치수의 허용 편차」표,m 등급, 10초과 50 이하에서 ±0°
    30′이다.

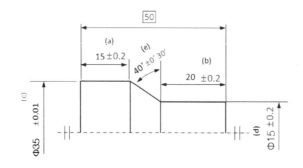

| 그림 1-3-1 | **공차치수가 기입된 완성 도면**

3 기하학적 형상에 일반공차의 적용

(KS 2768-2)

도면 표시를 단순화하기 위해 개별적 기하공차 표시가 없는 일반적인 요소의 형상특성을 제한하기 위해서는 형상에 대해 KS(2768-2)에 따른 일반 기하학적 공차를 적용한다.

적용되는 일반 기하학적 공차는 전체 중 진직도, 평면도 및 진원도, 직각도 및 평행도, 대칭도, 원주 흔들림에 대한 형체 특성이 있을 경우에만 각각 허용 공차치수를 정밀수준 공차 등급과 길이 등에 의해 결정된다.

도면에서 기하공차의 일반공차를 적용하는 경우에는 표제란 위 또는 근처에 이를 표준 근거와 함께 나타내야 한다.

> 표시 예 [KS B ISO 2768-2] 또는 [KS B ISO 2768-2-K] 등

(1) 기하공차 종류별 일반공차 적용 기준

① 진직도 및 평면도에 대한 일반공차 적용 기준

| 표 1-6 | **진직도 및 평면도에 대한 일반공차 적용 기준**

공차 등급	공칭 길이에 대한 진직도 및 평면도 공차(단위: mm)					
	10 이하	10 초과 30 이하	30 초과 100 이하	100 초과 300 이하	300 초과 1000 이하	1000 초과 3000 이하
H	0.02	0.05	0.1	0.2	0.3	0.4
K	0.05	0.1	0.2	0.4	0.6	0.8
L	0.1	0.2	0.4	0.8	1.2	1.6

적용된 공차 등급은 「KS B 0401 치수공차의 한계 및 끼워맞춤」에서 제품 치수 허용차의 수치에 따른 공차등급의 상대부품으로 본다.

단순화된 도면에서 개별 표시가 없는 도면의 기하학적 공차를 규정하기 위한 진직도 및 평면도에 대한 공차 적용 기준이 [표 1-6]에 있다. 공차 등급은 일반적으로 3개의 등급으로 관습적인 공장 정밀도를 고려하여 결정한다.

② 직각도의 일반공차 적용 기준

| 표 1-7 | **직각도의 일반공차 적용 기준**

공차 등급	공칭 길이의 범위에 대한 직각도 공차(단위: mm)			
	100 이하	100 초과 300 이하	300 초과 1000 이하	1000 초과 3000 이하
H	0.2	0.3	0.4	0.5
K	0.4	0.6	0.8	1
L	0.6	1	1.5	2

③ 대칭도의 일반공차 적용 기준

| 표 1-8 | **대칭도의 일반공차 적용 기준**

공차 등급	공칭 길이 범위에 대한 대칭도 공차(단위: mm)			
	100 이하	100 초과 300 이하	300 초과 1000 이하	1000 초과 3000 이하
H	0.5			
K	0.6		0.8	1
L	0.6	1	1.5	2

여기서 적용되는 공차 등급은 「KS B 0401 치수공차의 한계 및 끼워맞춤」에서 제품 치수 허용차의 수치에 따른 공차등급의 상대부품으로 본다

④ 원주흔들림에 대한 일반공차 적용 기준

| 표 1-9 | **원주흔들림에 대한 일반공차 적용 기준**

공차 등급	원주 흔들림 공차(단위: mm)
H	0.1
K	0.2
L	0.5

여기서 적용되는 공차 등급은 「KS B 0401 치수공차의 한계 및 끼워맞춤」에서 제품 치수 허용차의 수치에 따른 공차등급의 상대부품으로 본다.

[표 1-6~9]에 의해 적용되는 공차는 특별한 설명이 없다면 이를 초과하는 제품이라도 그 기능이 손상되지 않을 경우 불합격 처리해서는 안 된다.

(2) 형상특성에 따라 일반 기하공차를 적용하는 도면 해석하기

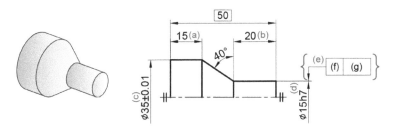

| 그림 1-4 | **기하공차 적용을 위한 치수를 나타낸 일반 도면**

도면의 어느 요소에 어떤 종류의 기하공차를 적용할 것인가?

○ 도면 특징
  1) 「표제란위 주석 [KS B ISO 2768-2-H]표기 되었다」고 가정
  2) 투상도의 (d)에 「h7」은 중간 끼워맞춤, 축기준식의 치수공차를 나타내고 있다.
  3) (d) ϕ15, 길이 20 원통 요소는 끼워맞춤에 적합한 기하공차를 나타낼 수 있다.

○ 도면 해석 내용
  △ 기하공차가 필요한 이유
  • (d) ϕ15, 길이 20 원통 요소는 상대 부품과 끼워맞춤 된다고 본다.
  • (d)는 도면에 기하공차가 정해지지 않았다.
  • (d)는 기하공차가 없더라도 관습, 기능상 기하공차가 필요하다고 본다.
  • (e)처럼 나타낼 기하공차는 진직도가 적당하다고 본다(주관적 판단).

○ 기하공차 설정 결과
  • (e)는 기하공차 지시선이고 기하공차 종류는(f), 제한 값은 (g)에 나타내야 한다.
  • (f)에는 진직도 기호, (g)는 KS 2768-2, 직도일반공차적용기준」표에서 H적용
  • (g)「진직도 일반공차 적용」, H등급, 길이 10~30(길이 20)의 공차는 「0.05」

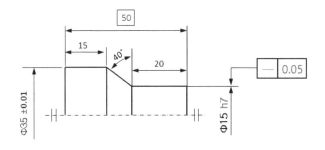

| 그림 1-4-1 | **기하공차가 기입된 완성 도면**

기초부터 실무까지
기 하 공 차

2

기하공차 이론

01 기하공차 사용의 장점

제품 치수와 형상의 완성도가 높아 결합부품 상호간에 호환성을 주고 결합을 보증할 수 있다.

제작공차가 커지므로 생산원가를 절감하여 생산성을 높일 수 있어 경제적이고 효율적인 생산을 할 수 있다.

검사·측정 시 기능게이지에 필요한 치수 설정이 가능해 편리하다.

02 기하공차의 종류와 분류

(KS A ISO 1101)

기하공차는 형상의 특성이나 상호 관련성, 표현 기준에 따라 형상(모양) 관련 공차, 자세 관련 공차, 위치 관련 공차, 흔들림 관련 공차로 분류하여 구분한다.

※ 형상관련 공차는 간단히 「형상공차」라 하며 종전 모양 공차에서 2016년 부터 용어가 변경 되었다.

동일한 기하공차일지라도 공차를 지정하는 기준이 데이텀 필요 여부나 조립 시 상대 부품과의 관계 등에 따라 유무, 어떤가에 따라 분류 기준이 달라질 수 있다.

1. **형상공차** : 진직도,평면도, 진원도, 원통도, 선의 윤곽도, 면의 윤곽도

2. **자세공차** : 평행도, 직각도, 경사도, 선의 윤곽도, 면의 윤곽도

3. **위치공차** : 위치도, 동심도, 대칭도 , 선의 윤곽도, 면의 윤곽도

4. **흔들림공차** : 원주흔들림, 온흔들림

03 기하공차의 기호와 데이텀 표시

(KS A ISO 1101)

1 기하공차의 분류

(1) 형상공차

[표 2-1]은 일반적으로 데이텀이 필요 없는 형상공차인 진직도, 평면도, 진원도, 원통도, 선의윤곽도, 면의윤곽도를 기호와 함께 나타냈다.

| 표 2-1 | **형상공차의 기호와 종류**

기호	종류	데이텀
——	진직도(straightness)	없음
▱	평면도(flatness)	없음
○	진원도(Roundness)	없음
⌀	원통도(cylindricity)	없음
⌒	선의윤곽도(Profile of a line)	없음
⌓	면의 윤곽도(Profile of a surface)	없음

(2) 자세공차

[표 2-2]는 데이텀을 필요로 하는 자세공차로 평행도, 직각도, 경사도, 선의윤곽도, 면의윤곽도를 기호와 함께 나타냈다.

| 표 2-2 | **자세공차의 기호와 종류**

기호	종류	데이텀
//	평행도(Parallelism)	필요
⊥	직각도(squareness)	필요
∠	경사도(angularity)	필요
⌒	선의윤곽도(Profile of a line)	필요
⌓	면의 윤곽도(Profile of a surface)	필요

(3) 위치공차

[표 2-3]은 위치 관련 공차로 위치도, 동심도, 대칭도, 선의윤곽도, 면의윤곽도를 기호와 함께 나타냈다.

| 표 2-3 | **위치공차의 기호와 종류**

기호	종류	데이텀
⊕	위치도(Position)	필요
		또는 없음
◎	동심(축)도(Concentricity)	필요
=	대칭도(Symmetry)	필요
⌒	선의 윤곽도(Profile of a line)	필요
⌓	면의 윤곽도(Profile of a surface)	필요

(4) 흔들림 공차

[표 2-4]는 흔들림 공차로 데이텀을 필요로 하는 원주흔들림과 온흔들림을 기호와 함께 나타냈다. 원주흔들림과 온흔들림은 각각 원통의 반경방향과 축방향 공차로 구분된다.

| 표 2-4 | **흔들림 공차의 기호와 종류**

기호	종류	데이텀
↗	원주흔들림(반경방향, 축방향)	필요
↗↗	온흔들림(반경방향, 축방향)	필요

2 기하공차의 종류별 일반적인 측정 형식

기하공차는 정의된 공차를 정확하게 측정하는 것이 중요하다. 측정 방법으로 크게 필요한 공구를 이용, 적정 환경 시스템에서 측정하는 수측정 방법이 있으며 각 공차 종류별 측정기를 이용하여 CNC로 측정하는 전용측정기를 이용한 방법, 대부분의 기하공차 측정이 가능한 3차원측정기를 이용한 방법이 있다.

[표 2-5]는 기하공차 종류별 일반적인 측정 형식을 나타내고 있으나 측정 형식의 분류 기준에 따라 다르게 표현될 수도 있다.

| 표 2-5 | 흔들림 공차의 기호와 종류

기하공차 종류	일반적인 측정 형식
진직도(Straightness)	수준기, 오토콜리메이터, 전자수준기 시스템, 레이저인터페로미터 등
평면도(Flatness)	오토콜리메이터, 전자수준기 시스템, 레이저인터페로미터, 3차원측정기 등
진원도(Roundness)	형상측정기, 3차원측정기 등
원통도(Cylindricity)	형상측정기, 3차원측정기 등
경사도(Angularity)	윤곽측정기, 3차원측정기 등
직각도(Squareness)	직각도시험기, 2차원측정기, 전자수준기시스템, 3차원측정기 등
평행도(Parallelism)	형상측정기, 3차원측정기 등
선의윤곽도(Profile of a line)	윤곽도 측정기, 3차원측정기 등
면의 윤곽도(Profile of surface)	윤곽도 측정기, 3차원측정기 등
위치도(Position)	3차원측정기 등
동심(축)도(Concentricity)	3차원측정기 등
대칭도(Symmetry)	3차원측정기 등
원주흔들림(Circular Run-out)	형상측정기, 3차원측정기 등
온흔들림(Total Run-out)	형상측정기, 3차원측정기 등

기하공차 종류별 측정 방법은 측정기 보유 등 환경의 조건, 측정 대상물의 크기나 요구 정밀도, 제품의 형상 특성 등에 따라 결정된다.

정의된 기하학적 형상을 측정하려면 적합한 측정기, 측정방법을 선택해야 하는데 크게 수측정 방식과 시스템의 좌표인식 방법을 이용한 측정으로 나눌 수 있고 형상측정기 처럼 여러 형상특성을 측정할 수 있는 전용측정기도 사용된다.

3차원측정기는 직선요소, 평면요소, 원 및 원통요소, 윤곽요소 등의 대부분의 기본 형상측정이 가능하여 제품의 측정 환경에 어려움이 없는 한 여러 종류의 기하공차를 측정할 수 있으나 3차원측정기의 종류와 SW의 버전, 옵션에 따라 가가능하지 않은 기능도 있으며 가능한 경우라 하더라도 KS에서 최근 제정된 상세 수식자나 추가 기호 등의 세부적인 것을 측정하는 기능은 아직 개발되어 있지 않은 경우도 많다.

3 기하공차 표시에 사용되는 용어와 기호

(KS 1101)

| 표 2-6 | 기하공차 표시에 사용되는 용어와 기호

기호 설명(용어)	기호	비고(KS)
공차 형체 지시		사각형 틀을 지시선으로 지시(1101)
데이텀 형체 지시	A A	삼각형이나 삼각형 흑점(5459)
데이텀 대상 틀	φ5 / P1	표적 데이텀(5459)
이론상 정확한 치수	50	공차가 없는 기준의 치수로 위치나 방향의 기준 값
중간값 형체	Ⓐ	형체의 중간선, 중간면, 중간지점을 지칭(1101)
부등간격의 공차역	UZ	윤곽도 기준선의 상하, 좌우 대칭 범위가 아님(Unequally zone)
~ 사이	←→	복합 형상에서 문자로 지정해 나타내는 2개 이상 요소 구간(1101)
온(전)둘레		둘레전체, 내부가 빈 원(1101)
온 둘레(윤곽)		내부가 빈 작은 원, 지시선 상에 위치(1101)
온(전)표면		표면전체, 이중 원(1660)

[표 2-6]에서는 사용된 기호는 자주 사용하는 기호를 나타냈다. 기하공차를 지시할 때 기본적으로 항상 필요한 것과 선택적으로 필요한 경우 사용하는 것이 있으며 표에서 제시한 것 외에도 여러 가지가 있다.

「중간값 형체」기호 Ⓐ는 원통이나 사각 형체에 대한 기하공차 규제 시 축선이나 중간면, 중심평면 등에 규제하고자 할 때 치수선의 연장 위치에 기하공차 지시선을 붙여서 나타내는데 공간상의 제약이나 불가피한 사유로 이런 표현이 어려울 때 이것을 대체하여 「중간값 형체」기호 Ⓐ를 공차기입틀의 공차 규제값 뒤에 써서 나타낸다.

「부등간격의 공차역」문자 기호「UZ」는 윤곽도에서 공차 허용치가 일반적으로 기준윤곽의 내측과 외측에 반분하여 허용하는 것을 공차 총 허용치 범위에서 내측과 외측의 값을 달리하여 규제할 때 사용하며 공차값 뒤에 문자기호「UZ」를 표시한다.

4 기하공차 표시에 사용되는 추가 용어와 기호

기하공차의 종류와 규제 특성에 따라 추가적으로 사용되는 기호가 있으며 선택적으로 사용될 수 있는 것과 기하공차의 특성상 사용이 불가능한 것이 있을 수 있다. [표 2-7]은 추가로 사용되는 용어와 기호를 나타낸다.

| 표 2-7 | 기하공차 표시에 사용되는 추가 용어와 기호

용어	기호	비고(KS)
돌출 공차 영역	ⓟ	돌출(project)되는 것을 가정한 상태에서 공차(1101)
최대 실체 조건	ⓜ	공차 지시 부위가 MMS일 때를 기준으로 제한(2692)
최소 실체 조건	ⓛ	공차 지시 부위가 LMS일 때를 기준으로 제한(2692)
자유 상태 조건	ⓕ	비강체 부품에 적용(10579)
포락 조건	ⓔ	치수공차의 허용 범위를 형상을 포함 적용(8015)
공통 공차 영역	CZ	여러 요소를 확장된 하나의 요소로 적용(Common zone)
안지름(작은지름)	LD	나사의 골지름에 적용하는 기하공차(1011)
바깥지름(큰지름)	MD	나사의 바깥지름에 적용하는 기하공차(1011)
피치원지름(유효지름)	PD	나사의 피치원지름에 적용하는 기하공차(1011)
선 요소	LE	평면 등의 선요소(Line element) 성분에 적용 (1101)
볼록하지 않음	NC	기준에서 볼록하지 않은(오목한) 범위만 허용 (Nonconvex)
모든 단면	ACS	지시요소 임의 지점에서 절단한 단면 (All cross section)
방향 형체 (direction feature)	◄─ ▯ // B ▯	화살표 방향으로 기하공차 허용 방향 결정(1101)
교차 평면 (intersection plane)	◁ // B ▯	3D 도면에서 B면과 평행인 임의 평면(1101)
집합 평면 (collection plane)	○◁ // B ▯	3D 도면에서 B면에 평행인 평면의 전체 집합(1101)
자세 평면 (orientation plane)	◁ // B ▷	기하공차 적용범위를 B면에 평행인 방향으로 함(1101)

「돌출공차」는 제품의 투상도에서는 돌출된 것이 없으나 제품이 활용되는 관점에서 결합되는 상대 부품에 의해 돌출이 가정될 때 돌출공차에 의한 기하공차를 부여한다.

「최대실체조건」과 「최소실체조건」은 공차를 규제할 때 규제부위의 치수에 변화에 따라서 기하공차 규제 허용치가 연동되어 해석하도록 조건을 주는 것으로 재료의 최대, 최소 실체가 되는 축형체와 구멍형체에 맞는 값 조건을 부여하는 것을 말한다. 기하공차 규제값 뒤와 데이텀에 사용할 수 있다.

「자유상태조건」은 중력만을 받는 부품의 상태(KS 10579)를 말하는 것으로 강성이 낮은 부품재일 경우 자유상태에서 치수공차가 보증되어야 함을 의미하며 기하공차 값 뒤에 표기한다.

나사의 「안지름」, 「골지름」, 「바깥지름」에 기하공차를 규제할 때는 「LD」, 「MD」 문자를 지시선에 의해 기하공차를 지시하는 기입틀 근처(기입틀 사각형 위 쪽이나 아래 쪽)에 나타낸다. 이때 「LD」, 「MD」를 기입하지 않은 것은 「피치원직경」을 적용하는 것이 되며 「피치원직경」을 적용하는 경우 「PD」를 기입해도 되고 하지 않아도 된다(KS 5459).

「선요소」 기호 「LE」는 평면에서 선의 성분에 대한 추출 결과로 규제할 때 사용하는데 예를 들면 평면에 평행도를 규제할 때 규제면에서 추출되는 평행 성분을 선으로 적용한다는 의미이며 「LE」 기호 문자는 투상도에서 지시선에 의해 기하공차를 지시하는 기입틀 근처(기입틀 사각형 위 쪽이나 아래 쪽)에 나타낸다.

「볼록하지 않은」 것을 나타내는 기호 「NC」는 평면도 등에서 공차가 볼록 한 형체로 되었을 때 제품의 조립, 기능면에서 문제가 될 경우 오목해야 한다(오목한 것만 허용한다)는 의미를 나타내고자 할 때 사용하며 공차기입틀 근처에 「NC」 기호 문자를 나타낸다.

「모든단면」을 나타내는 문자 기호 「ACS」는 원통형체의 기하공차 규제나 데이텀의 지시 등에서 원통을 축직각(횡)단면으로 임의 모든 지점에서 적용되는 것을 지시할 때 공차기입틀 근처에 기입하며 데이텀에 지시할 경우는 공차기입틀의 데이텀문자 뒤에 대괄호와 함께 「[ACS]」를 표시한다.

「교차 평면」, 「집합 평면」, 「자세 평면」은 기하공차를 추출 방법을 세분화하여 표현하는 방법으로 공차 추출선(영역)을 결정할 때 규제 형체(원뿔, 원통, 평면)의 평행, 직각, 경사, 대칭 등으로 교차하거나 자세 방향의 면을 추출하도록 규제할 때 사용하며 2D도면과 함께 사용되는 3D 도면에 공차입틀 옆에 기호로 나타낸다.

추가 기호는 [표 4-1]에 제시한 것 이외에도 KS에 더 많은 내용이 포함되어 있다.

5 기하공차의 도시 방법

(KS 1101)

공차의 종류를 나타내는 기호, 공차역, 공차(공차규제조건), 데이텀(데이텀규제조건)을 공차기입틀에 각각 구분하여 지시선으로 끌어 도형의 외형선이나 연장선에 나타낸다.

[그림 2-1]은 기하공차 도시에 자주 사용되는 형식의 보기이다.

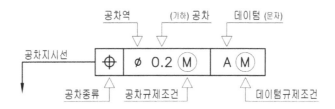

| 그림 2-1 | **기하공차 도시 방법 예**

기하공차의 표시는 별도의 수식자가 표시되지 않는 한 단일 형체(평면, 원통, 구, 원추 등)에 적용된다.

[그림 2-2]는 표면을 지시하는 경우의 공차기입 방법을 나타내고 있다.

(a)는 계단의 위쪽 면, (b)는 계단의 아래쪽 면을 나타내고 있으며 지시선은 형체의 외형선[(a) 왼쪽]이나 외형선의 연장선[(b) 오른쪽]에 나타낸다. 또한 (b)의 경우는 치수선 위치를 피해서 나타내고 있다.

지시선의 끝은 화살표를 붙인다.

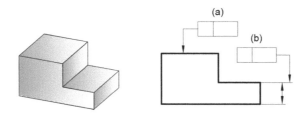

| 그림 2-2 | **표면을 지시하는 기하공차 기입**

6 기하공차의 3D 도면 표시 방법

(KS 1101)

기하공차 표시 방법은 KS 1101에 의해 2D 도면과 함께 3D 도면에 병행해서 나타낼 수 있다. [그림 2-3]은 3D 도면에 나타내는 여러 가지 방법이 제시되어 있다.

통합형체(3D) 면 내부에 나타낼 때에는 지시선의 끝은 점으로 한다.

형체 지시하는 표면이 보일 때에 지시선 끝은 점 안을 채운다(a), (b).

표면이 보지 않을 때(사각형 바닥면 지시)에는 지시선은 파선으로 하고 끝의 점 안은 비운다(c).

표면을 지시하는 지시선에 연결된 수평 기입선에 공차 기입틀을 연결한 지시선의 화살표를 놓아도 된다(d).

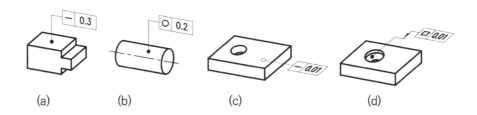

| 그림 2-3 | **3D도면에서 면을 지시하는 여러 방법**

기하공차를 형체의 중간선, 중간면에 지시할 때에는 [그림 2-4]에서 보여지는 다음 중 한 가지 방법으로 나타낸다. 여기서 t는 기하공차 규제값이다.

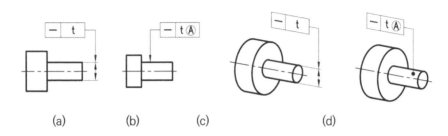

| 그림 2-4 | **제품 형상의 중심 또는 중간면을 지시하는 방법의 도면**

형체의 치수선의 연장 위치에 기하공차 지시선을 표시_ (a), (c)

치수선 연장 위치가 아닌 외형선에 지시선을 나타낼 때는 중간위치를 알려주는 수식자 Ⓐ를 공차값 뒤에 사용_ (b), (d)

보조기호 Ⓐ를 사용해서 제품의 표면 요소에 나타낸 경우 제품의 중간면이나 중심축을 지정되어 치수를 나타내는 선의 연장위치에 표시한 것과 동일하다.

04 　데이텀 및 데이텀 시스템

1 　데이텀의 정의

기하학적 형상의 자세 공차, 위치 공차, 흔들림 관련 공차 등의 기하공차를 정의하기 위한 이론적으로 정확한 기준이 되는 평면, 직선, 점 또는 이것들의 조합을 말한다.

2 데이텀의 종류

데이텀은 단일 데이텀, 공통 데이텀, 데이텀 시스템 등의 형식으로 구분하여 설정할 수 있다.

(1) 단일 데이텀

단일 형체 요소(평면, 원통, 구, 원추 등) 또는 형체 요소의 일부나 위치를 설정하는 것을 말한다.

형체의 표면이나 표면의 선, 중간 평면에 대한 규제 또는 축선에 대한 규제가 가능하다.

[그림 2-5]는 개별 형체 요소에 데이텀을 적용해 표시했으며 해석된 내용을 알 수 있다. 평행한 두 축에 규제된 개별요소 E, F는 공통데이텀 E-F로 적용하는 경우이다.

① 개별 형체 요소별 데이텀 설정 결과 구속 내용

형체 요소	형체 실물	표시	해석
평면	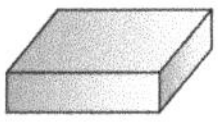	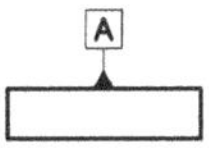 Ⓐ	A 평면 
원통		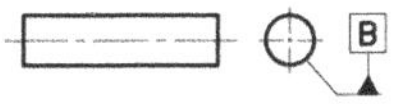 Ⓑ	원통 축심 
원뿔	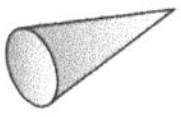	 Ⓒ	원뿔 축심 
두께 평면	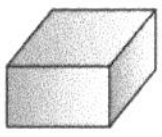	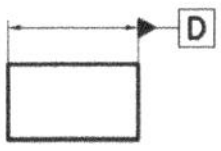 Ⓓ	치수선 전체 치수 중간면 
평행한 두축	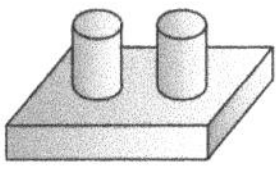	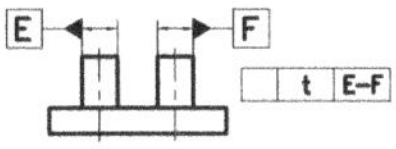 Ⓔ Ⓕ t E-F	E, F 중심선 연결면

| 그림 2-5 | 형체 요소 데이텀 설정 표시와 결과

평면에 규제하려는 경우 투상면도 표면의 선에 데이텀을 표시(A)하고 원통이
나 원뿔의 축심에 규제하려는 경우는 그림처럼 원통 또는 원뿔의 측면도 원 모
양의 중심을 지시하는 지시선에 데이텀(B, C)을 표시하고 두께가 있는 제품의
중간에 규제하려는 경우는 두께를 나타낸 치수선의 연장 위치에 데이텀(D)을
표시하며 나란한 두 개의 구멍 끼리나 두 개의 축선 끼리 연결하는 가상의 평
면을 규제하려는 경우는 구멍이나 축의 두 개의 형체에 단독 데이텀(E, F)을
지시하고 지시된 두 단독데이텀을 공통데이텀(E-F)으로 나타내는 방법이 있
다.

② 단일 데이텀 표시 도면과 해석

[그림 2-6]은 사각형체 윗면에 A데이텀을 적용하였고 $\phi25$ 원통의 축심
에 B데이텀이 적용된 도면이다.

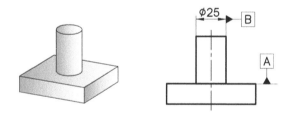

| 그림 2-6 | 데이텀 A, 데이텀 B의 단일 데이텀

(KS 5459)

데이텀 A 특성

[그림 2-7]은 [그림 2-6]의 A데이텀에 대한 해석 (a)이고, (b)는 데이텀 A의
설정 평면이다.

• 사각형 평판의 윗면이 데이텀 A로 설정되었다.

| 그림 2-7 | **데이텀 A 형체(a)와 데이텀 A 설정 평면(b)**

- 데이텀 A는 평면으로 완전하다고 본다.
- 표면에서 추출한 평면은 그 내부에 모든 점이 포함된다고 본다. 즉, 측정을 위해 데이텀 평면 추출 시 측정의 한계나 시간 등의 제약으로 일부만으로 평면을 구성하더라도 이 평면은 지정된 데이텀 평면의 모든 정보가 다 포함되어 있다고 본다. 그러므로 직접적으로 데이텀 A평면을 추출하게 되면 가급적 많은 점으로 구성하여 설정되도록 하는 것이 유리하다.

데이텀 B 특성

[그림 2-8]은 [그림 2-6]의 B데이텀에 대한 해석(a)이고 (b)는 데이텀 B의 결과이다.

| 그림 2-8 | **데이텀 B 형체와 데이텀의 축심 설정**

- 바닥면에 수직한 축 형체의 축심이 데이텀 B로 설정되었다.
- 데이텀 B 형체는 원통 형상으로 완전하다고 본다.
- 데이텀 B는 데이텀 A와 직각(또는 도면에 각도 지정 시 경사)으로 존재.

- 데이텀 B 축심을 추출하기 위한 원통의 측정 점들은 데이텀 B 형상의 모든 특성 내에 있다고 본다.

(2) 공통데이텀

① 공통데이텀은 두 개의 개별 데이텀으로 새로운 가상의 요소를 설정하는 것으로 각각의 개별 데이텀이 우선 설정되어 있어야 한다.

공통데이텀의 공차기입틀 표기는 단일 두 개의 데이텀 문자 사이에 하이픈(-)을 사용해 표시 한다.

공통데이텀은 제품 측정 시 지그(Jig) 등을 활용하는 경우 고정하게 되는 두 요소가 공통데이텀이 되거나 기준이 되는 두 형체 요소를 기준으로 다른 기하공차 규제부위를 설정할 때 사용된다.

② 공통 데이텀 표시 도면과 특성

[그림 2-9]는 개별데이텀 A와 B에 의해 설정되는 가상의 공통데이텀 A-B의 표시이다.

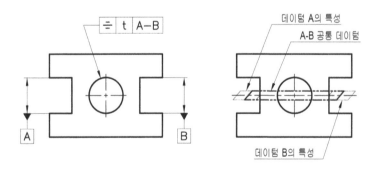

| 그림 2-9 | **공통데이텀 A-B의 표시 도면과 공통데이텀 해석**

- 데이텀 A와 B로 이루어진 가상의 공통 선(면)이다.
- 데이텀 A와 B는 좌·우측 홈 위 아래의 중간 선(면)이다.
- 공통데이텀 A-B는 데이텀 A의 대푯값과 B의 대푯값으로 만들어지는 새로운 가상 요소인 선(면)이다.

(3) 데이텀 시스템(datum system)

두 개 이상의 단일 데이텀 또는 공통데이텀을 복수 데이텀으로 설정한다.

공차기입틀 칸에 복수 데이텀을 우선 순위대로 차례로 기입한다.

순서대로 기입된 데이텀 문자에 의해 1차 데이텀은 2차 데이텀과 3차 데이텀의 방향을 구속하고, 2차 데이텀은 3차 데이텀의 방향을 구속한다.

만일 우선 순위 없이 복수의 데이텀을 지정하게 되는 경우는 하나의 공차기입틀 내에 복수의 데이텀을 콤마(,)를 사용해서 구분해 표시 한다.

① 우선 순위가 적용되는 데이텀 시스템 특성

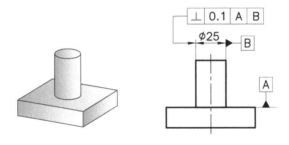

| 그림 2-10 | **데이텀 A와 데이텀 B의 순서로 규제**

위 [그림 2-10]은 데이텀 A와 B가 지정된 도면으로 기하공차 규제시 데이텀 A 또는 데이텀 B가 각각 우선 순위로 적용이 가능하게 규제할 수 있다.

[그림 2-11]은 데이텀A와 B가 각자 우선데이텀으로 될 때의 해석방법을 나타내고 있다. 후순위 데이텀은 우선데이텀에 의해 방향이 결정되게 된다.

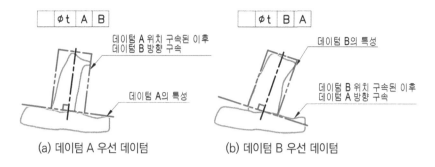

(a) 데이텀 A 우선 데이텀   (b) 데이텀 B 우선 데이텀

| 그림 2-11 | 데이텀 A 또는 B가 우선 데이텀으로 설정된 도면

우선데이텀으로 설정된 도면의 해석

- (a)는 데이텀 A가 데이텀 B에 우선하여 설정된 도면이다.
- (b)는 데이텀 B가 데이텀 A에 우선하여 설정된 도면이다.
- (a)는 데이텀 A가 우선 설정되는 것은 A평면을 평면요소로 측정하며 SW algorithm에 의해 면(직선)이 결정되고 이것을 기준으로 90° 방향으로 B 형체의 측정결과에 의한 직각의 중심선이 결정되는 것을 보여준다.
- (b)는 데이텀 B가 우선 설정되는 것은 B원통을 측정하며 SW에 설정된 algorithm에 의해 원통의 축선이 결정되고 이것을 기준으로 90° 방향으로 A형체의 평면 측정결과에 의한 직선이 결정된다.
- 그림 (a)에 비해 그림 (b)는 데이텀 B를 우선 설정 적용된 후 이것에 대해 의 90°의 각도로 데이텀 A를 적용하므로 후 순위로 구속된 데이텀 A는 동일 형체의 그림(a)와 다른 기울어진 경사면을 갖게 된다.

3 데이텀 형체의 표시

(1) 데이텀 형체의 표시와 식별 문자

투상 도면에는 여러 형체의 데이텀 표시 방법이 있다. [그림 2-12]는 여러 형체의 데이텀 표시방법으로 데이텀 삼각기호 내부는 채워도 된다.

① 단일 형체는 지시선으로 삼각형을 연결하여 적용 표면에 붙인다(a).

② 형체가 원형인 경우 원주 둘레면에 직접 붙인다(b).

③ 표적 데이텀 또는 3D 도면에서 영역이나 면을 데이텀으로 지정하는 경우에는 흑점을 데이텀 문자기호 사각틀과 지시선으로 연결해 나타내되(c) 보이지 않는 영역이나 면일 경우는 파선을 지시선으로 사용 한다(d).

④ 데이텀 표시에 사용하는 문자는 공통데이텀이 아니면 하이픈(−)을 사용하지 않는 단일 영문자 대문자를 사용하며 I, O, Q, X 는 사용하지 않는다.

⑤ 데이텀 식별 영문자를 A~Z까지 다 사용한 이후에는 AA, BB 등 반복문자로 사용한다.

⑥ 도면에 영문자는 사각형 틀에 넣어서 수평보기 방향으로 기입한다.

⑦ 사용 가능 문자 유형은 A, B, AA, A1, A2, A3 … 의 형식이다.

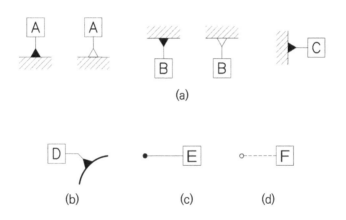

| 그림 2-12 | **데이텀 표시에 사용되는 형체**

(2) 데이텀의 도면 표시와 해석

① 선 또는 면 자체가 데이텀 형체인 경우에는 형체의 외형선 위(데이텀A) 또는 외형선을 연장한 가는선 위(데이텀B)에 데이텀 3각 기호를 붙인다.

[그림 2-13]은 표면에 데이텀 A, B를 나타냈으며 3각 기호 내부는 채우지 않아도 된다.

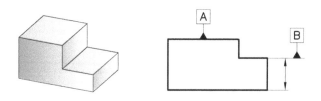

| 그림 2-13 | **표면에 데이텀 직접 지시**

② 기하공차를 적용하는 형체이면서 데이텀으로 지정하는 경우에는 기하공차 기
입 틀의 위 또는 아래에 데이텀 기호를 붙인다.

[그림 2-14]는 각 표면에 기하공차를 규제함과 동시에 데이텀을 지정하는 예이
다. 기하공차 규제와 동시에 나타낸 데이텀은 다른 요소의 기하공차에 데이텀
적용시 사용된다.

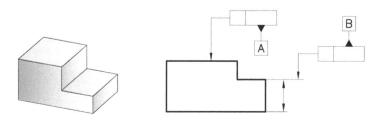

| 그림 2-14 | **표면에 데이텀을 공차기입 틀과 함께 지시**

③ [그림 2-15]는 데이텀이 지시된 3가지의 경우로 형체가 투상도에서 직접 보일
때(좌측, 우측)와 보이지 않을 때(가운데) 도면에 데이텀 지시하는 방법을 구분
하여 나타내고 있다.

데이텀으로 지정하려는 형체가 도면 투상면도에 나타나 실선으로 표현된 경우
(좌측, 우측)와 달리 가려져 있어 파선으로 투상된 경우(가운데)는 데이텀 지시
기호를 파선으로 나타낸다.

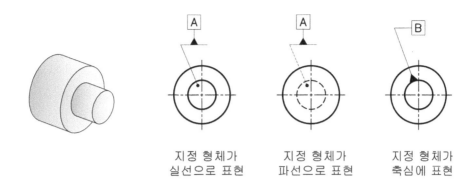

지 정 형 체 가   지 정 형 체 가   지 정 형 체 가
실선으로 표현   파선으로 표현   축심에 표현

| 그림 2-15 | **투상된 형체와 데이텀 표시 방법의 여러 형식**

④ [그림 2-16]의 (a)는 하나의 투상도에 동일한 의미를 갖는 두 가지 지시방법으로 데이텀과 A와 B는 동일한 결과이며 데이텀으로 지정하려는 형체가 제품의 표면인 경우는 투상 외형선(데이텀A) 또는 외형선의 연장선(데이텀B)에 표시한다. (b), (c)는 요소의 중간면이나 중심축을 지정하는 경우로 지정요소 치수를 나타내는 선의 연장위치에 데이텀을 표시한다.

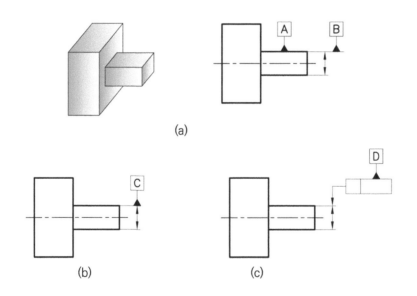

(a)

(b)   (c)

| 그림 2-16 | **형체에 데이텀 표시 방법에 결과가 달라지는 표현**

4 **제한된 영역의 데이텀 지정**

- 단일 데이텀이라 할지라도 형체 요소 중 한정된 영역을 표시하거나 특정 부분을 제한해서 표시할 수 있다.

- 형체 요소 중 제한된 영역을 표시하는 경우에는 선이나 면의 일부분을 표시할 수 있다.

- 선이나 면 요소의 일부분을 나타내려면 투상도 외형선 외에 굵은 일점쇄선으로 그 위치를 나타내야 한다(KS B ISO 129-1_제한된 영역의 치수기입_P47 참조)

- 형체 요소 중 특정 부분을 제한해서 표시할 경우 데이텀 표적으로 사용되는 부분은 표적 데이텀으로 지정해서 나타내야 한다.

(1) 표적 데이텀(Datum target)

(KS 5459)

① 형체 중 일부분인 점이나 선, 면의 제한된 일부에 데이텀을 설정하는 것
② 표적 데이텀은 사용된 점, 선, 면의 특정 사항을 표시해야 한다

(2) 표적 데이텀 지시방법

① 데이텀 표적은 데이텀 표적 기호로 나타낸다.
② 표적 점은 지정 위치에 교차선(×)으로 나타낸다.
③ 표적 선은 시작과 종료 위치의 교차선 (×)을 2점 쇄선으로 연결해 나타낸다.
④ 표적 영역은 데이텀 표적 지정 위치를 기호(×)로 표시하고 영역의 크기와 표적 번호를 표시할 수 있는 프레임 원(이등분 분할된 원)을 사용하여 표시한다.
⑤ 데이텀표적 프레임은 원을 수평으로 2등분하여 아래는 표적번호, 위에는 표적 영역 등 추가 필요한 정보를 적는다.

| 표 2-8 | 데이터 표적에 사용되는 기호

사용 용도	기호	설명
단일 데이텀 프레임 원		위 칸에는 영역, 아래는 표적번호
가동 데이텀 표적 프레임		데이텀 위치 가동 방향 지정
데이텀 표적 점	×	좌표점 또는 도면에 직접 표시
연결된 데이텀 표적 선		밀폐된 표적 영역의 경계선
연결되지 않은 데이텀 표적 선	×- - -×	표적 선의 구간 표시, 2점 쇄선
데이텀 표적 면		지정되는 표적의 영역(해칭 포함)

[표 2-8]은 데이터 표적에 사용되는 기호 또는 선 표시 방법이다.

단일데이텀 프레임 기호는 원의 위 칸에 표적영역을 기입하되 표적 점이나 표적 선일 경우는 영역이 없으므로 비워둔다. 아래 칸에 표적 번호는 영문자 대문자와 숫자 결합으로 데이텀 개수에 따라 숫자를 일련번호로 사용하여 표시한다.

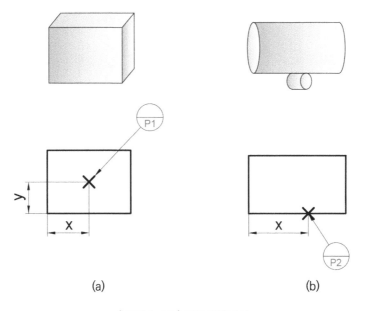

(a)   (b)

| 그림 2-17 | 표적 점의 표시

[그림 2-17]의 (a)는 면의 x, y지점 위치에 데이텀 표적 점 설정한 것이고 (b)는 원통형체의 바닥에 롤러 받침이 있는 것처럼 특정위치인 x만큼 떨어진 바닥 지점에 표적 데이텀을 설정한 도면이다.

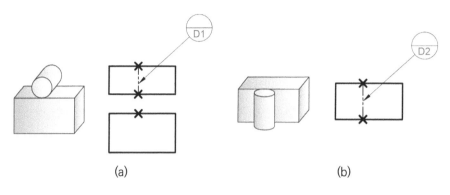

| 그림 2-18 | **표적 선의 표시**

[그림 2-18]의 (a)는 사각 블럭의 윗면에 롤러 등으로 접촉하는 상태를 데이텀으로 사용하기 위한 것을 나타낸 것으로 (a) 투상도의 위쪽은 평면도, 아래쪽은 정면도이며 지정된 위치에 데이텀 표적 선을 지정한 경우이다.

(b)는 사각 블럭의 앞쪽 면에 데이텀을 사용하기 위한 것으로 블록의 정면도 투상도에서 위 아래쪽으로 표적 선을 설정한 도면이다.

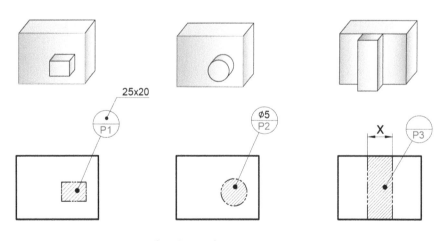

| 그림 2-19 | **표적 영역의 표시**

[그림 2-19]는 표적 영역을 나타내는데 표적 영역의 크기는 데이텀 표적기호 원의 윗칸에 나타낸다.

표적영역은 영역지정 위치나 모양, 크기에 따라 각각의 방법으로 표시한다.

(2) 돌출된 형체에 공차 표시

① 제품 특정 부위에 돌출된 형상을 가정하여 기하 공차를 지시하는 경우
② 제품의 형체에 돌출되었다고 가정한 크기를 포함한 요소에 데이텀 지정하는 경우
③ 공차기입틀 공차 허용 지시값 뒤에 Ⓟ 기호 사용 가능
④ 공차기입틀 데이텀 지시문자 뒤에 Ⓟ 기호 사용 가능

그림은 $\phi15$ 형체에 구멍이 20만큼 돌출된 지점에서 직각도를 $\phi0.1$ 허용한다.

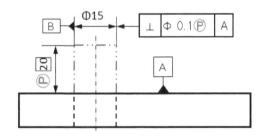

| 그림 2-20 | **돌출 형체를 가정한 직각도와 위치도**

[그림 2-20]은 사각형 평판에 $\phi15$, $\phi19$의 구멍이 뚫려 있는 곳에 돌출 공차를 각각 표시하였다.

평판재에 두 개의 구멍이 뚫린 형제인 제품에 쓰임새를 고려하여 20 만큼 돌출되었다고 가정하여 그 지점에서 직각도와 위치도를 각각 규제하고 있는 도면이다.

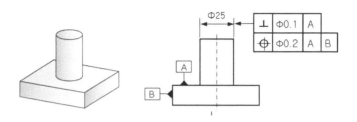

| 그림 2-21 | **원통요소의 축심에 직각도와 위치도를 동시에 규제**

[그림 2-21]은 평판재에 원통이 결합되어 있으며 원통의 축심에는 직각도와 위치도가 규제되었다.

데이텀 A평면에 직각인 $\phi25$ 원통요소 축심에 직각도를 규제하였으며 직각도 허용치는 $\phi0.1$이다.

데이텀 시스템에 의한 위치도는 1차 데이텀 A평면과 2차 데이텀 B측면으로 규제하였으며 A평면과 직각인 B측면 기준으로 $\phi25$ 원통요소 축심은 기준 위치로부터 $\phi0.2$이내에 있어야 한다.

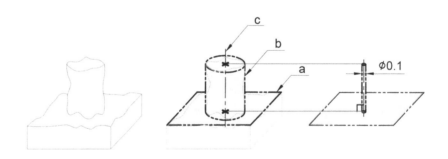

a : 실제 평면에서 결정된 이상적인 데이텀 A 평면(2점쇄선)
b : 데이텀 평면에서 수직 방향으로 구속된 이상적 원통(2점쇄선)
c : 이상적 원통의 중심 위치가 구속된 위치도 $\phi0.1$축심(1점쇄선 중심선)

| 그림 2-22 | **데이텀 평면과 원통의 직각도 추출**

6 데이텀과 기하공차 측정 방법

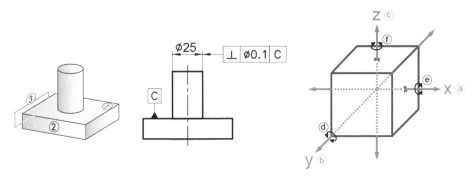

※ 데이텀 계 6자유도
직선운동 : ⓐ, ⓑ, ⓒ의 3개
회전운동 : ⓓ, ⓔ, ⓕ의 3개

| 그림 2-23 | **직각도 측정을 위한 도면과 기준 좌표계**

[그림 2-23] 오른쪽은 측정 대상물의 도면과 3차원 측정에서 정의되는 공간상의 자유도이다.

(1) 좌표계 설정 목표 위치

그림 좌측의 3D 도형에서 ①, ②, ③이 만나는 지점인 좌측 위 모서리 앞쪽에 측정 좌표계 원점을 설정한다

(2) 좌표계 설정 순서 : 공간정렬 → 평면회전 → 원점지정

> **순서**
>
> • **공간정렬** 데이텀 C의 평면 ①을 측정 ⇒ ⓓ, ⓔ가 구속, z 원점 ⓒ도 동시에 구속
> **방법** 평면 ①을 평면 요소로 측정, 4점
> • **평면회전** ⇒ ⓕ가 구속, y 좌표 ⓑ 구속
> **방법** 평면 ②를 직선 요소로 측정, 2점
> • **원점지정** ⇒ x 원점 ⓐ가 구속됨, 결과로 x, y, z 좌표계 설정 완료
> **방법** 평면 ③을 점 요소로 측정, 1점

• 제품의 사각형 윗 평면 앞쪽, 좌측 모서리에 좌표계 원점 설정 완료

(3) 측정방법

부록 「01. 단일데이텀의 3차원 측정기를 이용한 측정」 참조

7 데이텀 시스템의 기하공차 측정 방법

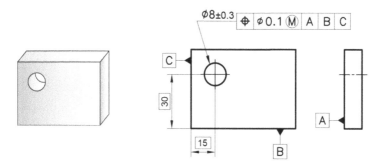

| 그림 2-24 | 데이텀 시스템에 의한 위치도 규제

[그림 2-24]는 구멍의 위치도를 규제한 도면으로 데이텀은 A, B, C 우선순위가 있다.

• 데이텀 시스템으로 규제된 기하공차는 1차 데이텀 요소부터 순차적으로 측정하여 측정좌표계를 설정하면 된다.
• **측정방법** : 부록 「02. 데이텀 시스템의 3차원 측정기를 이용한 측정」 참조

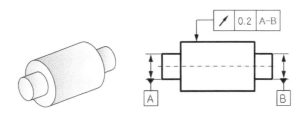

| 그림 2-25 | **개별 데이텀에 기초한 공통데이텀**

[그림 2-25]는 개별데이텀 A, B에 의해 구성된 공통데이텀 A-B를 기준으로 원주 흔들림을 규제하고 있는 도면이다.

(1) 공통데이텀의 생성 원리

개별 데이텀으로 필요한 데이텀을 측정한 후 이 결과를 상호 요소관계로 직선을 생성하면 A데이텀과 B데이텀을 연결하는 가상의 직선이 설정되는데 이것을 공통데이텀으로 지정한다

(2) 공통데이텀의 생성 방법

① 원 측정 아이콘을 선택한 후 「A 데이텀」 원통을 원 요소로 측정한다.
② 원 측정 아이콘을 선택한 후 「B 데이텀」원통을 원 요소로 측정한다.
③ 원1과 원2를 선택하면 요소 관계창이 나타난다.
④ 새로운 공간 직선을 생성하기 위한 단축키(F5) 또는 명령어를 선택하여 직선 생성 후 생성한 직선을 데이텀으로 지정하면 공통데이텀 설정이 완료된다.

(3) 측정방법

부록 「03. 공통데이텀의 3차원 측정기를 이용한 측정」 참조

(KS 2692)

1 최대실체조건

(1) 정의

① 치수 공차와 기하공차와의 사이에 상호 의존 관계를 적용할 때 사용하는 것으로서 최대 실체 상태를 기본으로 하여 공차값을 제한하는 공차방식
② 기하공차가 규제된 형체가 최대실체상태로부터 치수 변화한 값만큼 기하공차가 가산되는 방식

(2) 약자: MMC(Maximum Material Condition)

기호 : Ⓜ

(3) 최대실체치수(MMS)

형체에서 최대실체조건을 정의하는 치수
- **내측형체 치수** : 최소크기
- **외측형체 치수** : 최대크기

(4) 최대실체실효치수(MMVS_ Maximum material virtual size)

실효치수는 제품 형체의 실체조건 치수와 형체에 적용되는 기하공차(형상, 자세 또는 위치)의 관계에 의해 결정되는 치수로 최대실체실효치수는 외측형체와 내측형체에 따라 구분되어 계산된다.
- 외측형체 최대실체실효치수는 최대실체치수(MMS)와 기하공차의 합이다
- 내측형체 최대실체실효치수는 최대실체치수(MMS)와 기하공차의 차이다

- 외측형체 : 최대실체치수(MMS) + 기하공차 치수
- 내측형체 : 최대실체치수(MMS) – 기하공차 치수
- 외측형체의 최대실체치수(MMS)는 최대허용치수 이다
- 내측형체의 최대실체치수(MMS)는 최소허용치수 이다

(5) 최대실체실효조건(MMVC_Maximum material virtual condition)

최대실체실효치수를 만족하는 조건을 말하며 외측형체와 내측형체를 구분하여 정의된다.

- **외측형체** : 규제부위 최대허용치수에 대응하는 허용 기하공차 치수의 조건
- **내측형체** : 규제부위 최소허용치수에 대응하는 허용 기하공차 치수의 조건

(6) MMC 규제 도면에서 외측형체와 내측형체의 MMS, MMVS 해석

적용 형체 특성 | 최대실체조건 외측형체

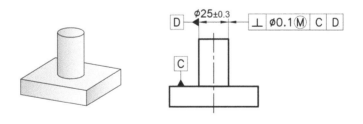

| 그림 2-26 | **MMC 규제 외측형체**

[그림 2-26]은 원통형체의 축심에 직각도를 규제한 것으로 규제 부위 치수가 MMC일 때 직각도를 $\phi0.1$ 허용하는 도면이다.

① 외측형체 MMC 적용도면 치수 계산

| 표 2-9 | **MMC 적용 규제 치수 변화별 허용 공차**

규제부위 치수		직각도 허용치	MMVS
MMS	$\phi 25.3$	$\phi 0.1$	
임의 치수	$\phi 25.2$	$\phi 0.2$	
	$\phi 25.1$	$\phi 0.3$	
	$\phi 25.0$	$\phi 0.4$	$\phi 25.4$
	$\phi 24.9$	$\phi 0.5$	
	$\phi 24.8$	$\phi 0.6$	
LMS	$\phi 24.7$	$\phi 0.7$	

축 형체의 MMC로 규제되었으므로 최대실체 실효치수(MMVS)는 MMS와 기하공차의 합으로 계산된다.

② 외측형체 최대실체실효치수(MMVS) 값 계산

$$MMVS = MMS + 기하공차$$
$$= \phi\ 25.3 + \phi\ 0.1$$
$$= \phi\ 25.4$$

③ 직각도 최대 허용치 계산

규제형체 치수 ϕ 24.7일 때 직각도 ϕ 0.7 이다.

적용 형체 특성　**최대실체조건 내측형체**

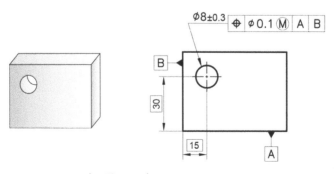

| 그림 2-27 | **MMC 규제 내측형체**

[그림 2-27]은 구멍형체의 중심에 위치도를 MMC 조건에서 $\phi0.1$로 규제한 도면이다. 구멍의 중심은 이론적으로 정확한 15와 30인 지점에 있어야 하지만 구멍위치 허용 범위를 구멍의 크기가 MMS일 때를 기준으로 $\phi0.1$ 허용하고 있다.

④ 내측형체 MMC 적용도면 치수 계산하기

| 표 2-10 | **MMC 적용 규제 치수 변화별 허용 공차**

규제부위 치수		위치도	MMVS
		허용치	
MMS	$\phi7.7$	$\phi0.1$	$\phi7.6$
임의 치수	$\phi7.8$	$\phi0.2$	
	$\phi7.9$	$\phi0.3$	
	$\phi8.0$	$\phi0.4$	
	$\phi8.1$	$\phi0.5$	
	$\phi8.2$	$\phi0.6$	
LMS	$\phi8.3$	$\phi0.7$	

구멍형체에 MMC로 규제되었으므로 최대실체 실효치수(MMVS)는 MMS에서 기하공차를 뺀 값으로 계산된다.

⑤ 내측형체 최대실체실효치수(MMVS) 값 계산

$$MMVS = MMS-기하공차$$
$$=\phi7.7-\phi0.1$$
$$=\phi7.6$$

⑥ 위치도 최대 허용치

규제형체 치수 $\phi8.3$일 때 위치도 최대 허용치는 $\phi0.7$이다

2 최소실체조건

(1) 정의

① 치수 공차와 기하공차와의 사이에 상호 의존 관계를 적용할 때 사용하는 것으로 최소 실체 상태를 기본으로 하여 공차값을 제한하는 공차방식

② 기하공차가 규제된 형체가 최소실체상태로부터 치수 변화한 값 만큼 기하공차가 가산되는 방식

(2) 약자 : LMC(Least Material Condition)

기호 : Ⓛ

(3) 최소실체치수(LMS)

형체의 최소실체조건을 정의하는 치수

• **내측형체 치수** : 최대크기
• **외측형체 치수** : 최소크기

(4) 최소실체실효치수(LMVS_ Least material virtual size)

최소실체실효치수는 외측형체와 내측형체에 따라 구분되어 계산된다.

• 외측형체 최소실체실효치수는 최소실체치수(LMS)와 기하공차의 차이다.
• 내측형체 최소실체실효치수는 최소실체치수(LMS)와 기하공차의 합이다.

> **≫ 최소실체실효치수(LMVS) 계산**
>
> • 외측형체 치수 : 최소실체치수(LMS) - 기하공차 치수
> • 내측형체 치수 : 최소실체치수(LMS) + 기하공차 치수
> • 외측형체의 최소실체치수(LMS)는 최소허용치수 이다
> • 내측형체의 최소실체치수(LMS)는 최대허용치수 이다

60 기초부터 실무까지 **기하공차**

□ 최대실체 실효치수(MMVS)와 최소실체 실효치수(LMVS) 비교

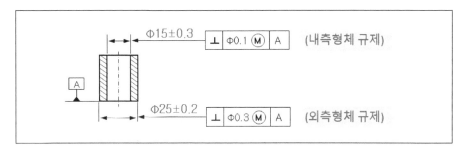

△ 외측형체와 내측형체에 대해 최대실체, 최소실체 치수를 확인 후 최대실체 실효치수와 최소실체 실효치수를 구하기

	기하공차 (진직도)	MMS	LMS	MMVS	LMVS
외측형체 (25±0.2)	0.3	25.2	24.8	25.5 (25.2+0.3)	24.5 (24.8-0.3)
내측형체 (15±0.3)	0.1	14.7	15.3	14.6 (14.7-0.1)	15.4 (15.3+0.1)

(5) 최소실체실효조건(LMVC_Least material virtual condition)

최소실체실효치수를 만족하는 조건을 말한다

• **외측형체** : 규제부위 최소허용치수에 대응하는 허용 기하공차 치수의 조건
• **내측형체** : 규제부위 최대허용치수에 대응하는 허용 기하공차 치수의 조건

(6) LMC 규제 도면에서 내측형체와 외측형체의 LMS, LMVS 해석

| a. 적용 형체 특성 | 최소실체조건, 외측형체 |

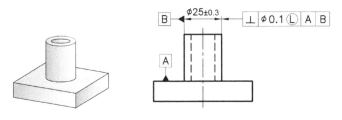

| 그림 2-28 | **LMC 규제 외측형체**

CHAPTER 02 기하공차 이론 61

[그림 2-28]은 중공인 실린더의 내경의 축심에 직각도를 LMC 조건에서 $\phi 0.1$로 허용하는 도면이다.

① 외측형체 LMC 적용도면 치수 계산

| 표 2-11 | **LMC 적용 규제 치수 변화별 허용 공차**

규제부위 치수		직각도 허용치	LMVS
MMS	$\phi 25.3$	$\phi 0.7$	
임의 치수	$\phi 25.2$	$\phi 0.6$	
	$\phi 25.1$	$\phi 0.5$	
	$\phi 25.0$	$\phi 0.4$	$\phi 24.6$
	$\phi 24.9$	$\phi 0.3$	
	$\phi 24.8$	$\phi 0.2$	
LMS	$\phi 24.7$	$\phi 0.1$	

직각도가 실린더 외경에 규제되었으므로 축형체의 LMC 규제이며 최소실체 실효치수(LMVS)는 LMS에서 기하공차를 뺀 값으로 계산된다.

② 외측형체 최소실체실효치수(LMVS) 값 계산

$$
\begin{aligned}
\text{LMVS} &= \text{LMS-기하공차} \\
&= \phi\ 24.7 - \phi\ 0.1 \\
&= \phi\ 24.6
\end{aligned}
$$

③ 직각도 최대 허용치

규제형체 치수 ϕ 25.3일 때 직각도 ϕ 0.7

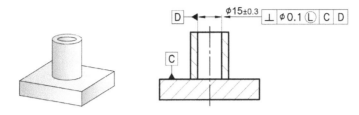

| 그림 2-29 | **LMC 규제 내측형체**

[그림 2-29]는 중공인 실린더의 내경의 축심에 직각도를 LMC 조건에서 ϕ 0.1로 허용하는 도면이다.

④ 내측형체 LMC 적용 도면 치수 계산

| 표 2-12 | **LMC 적용 규제 치수 변화별 허용 공차**

규제부위 치수		직각도 허용치	LMVS
MMS	ϕ14.7	ϕ0.7	
임의 치수	ϕ14.8	ϕ0.6	
	ϕ14.9	ϕ0.5	
	ϕ15.0	ϕ0.4	ϕ15.4
	ϕ15.1	ϕ0.3	
	ϕ15.2	ϕ0.2	
LMS	ϕ15.3	ϕ0.1	

직각도가 내경에 규제되었으므로 구멍형체의 LMC 규제이며 최소실체실효치수(LMVS)는 LMS와 기하공차를 합한 값이다.

⑤ 내측형체 최소실체실효치수(LMVS) 값 계산

$$LMVS = LMS + 기하공차$$
$$= \phi\ 15.3 + \phi\ 0.1$$
$$= \phi\ 15.4$$

⑥ 직각도 최대 허용치

규제형체 치수 ϕ 14.7일 때 직각도 최대 허용치는 ϕ 0.7이다

3 최대실체요구사항(MMR)과 최소실체요구사항(LMR)

(KS 2692)

(1) 정의

기하공차 규제부위나 치수가 있는 데이텀 형체에 공차규제조건인 최대실체조건이나 최소실체조건으로 기하공차를 규제하면 치수 공차가 최대나 최소 실체조건 크기에서 공차범위 내에서 변할 때 기하공차 허용 값이 증가하는데 기하공차가 「0」이 될 때까지 규제부위 치수를 연계하여 허용범위를 정하는 것이 상호요구사항이며 상호요구사항은 (RPR_ Reciprocity requirement_ Ⓡ)을 MMC나 LMC에 병합해서 사용하는 것으로 규제 치수에만 적용되고 데이텀에는 적용 불가능하다.

(2) 의미와 해석

- 공차규제조건과 상호요구사항 표시 : ⓂⓇ 또는 ⓁⓇ
- 기하공차 허용치는 상호요구사항으로 인해 "0"까지 확대 됨
- 기하공차 허용치가 "0"일 때 규제부위 치수는 상호요구사항 조건으로 인해축형체 또는 구멍형체의 기준에 따라 치수공차 범위에서 상호 연계되어 추가적으로 변하는 것을 허용할 수 있음
- ⓂⓇ 사용 : 기하공차가 "0"이 되는 경우에 대응하는 규제부위 치수는 MMVS 까지 허용할 수 있음
- ⓁⓇ 사용 : 기하공차가 "0"이 되는 경우에 대응하는 규제부위 치수는 LMVS 까지 허용할 수 있음

(3) 최대실체요구사항(MMR_Maximum material requirement)

최대실체조건(MMC)에 상호요구사항(RPR)을 병합해 표시하는 것으로 Ⓜ Ⓡ을 기하공차 규제 허용값 뒤에 표시

치수의 허용 범위는

- **외측형체의 경우** : 최소허용치수 ~ MMVS까지 허용 가능
- **내측형체의 경우** : 최대허용치수 ~ MMVS까지 허용 가능

(4) 최소실체요구사항(LMR_ Least material requirement)

최소실체조건(LMC)에 상호요구사항(RPR)을 병합해 표시하는 것으로 Ⓛ Ⓡ을 기하공차 규제 허용값 뒤에 표시한다

치수의 허용 범위는

- **외측형체의 경우** : 최대허용치수 ~ LMVS까지 허용 된다.
- **내측형체의 경우** : 최소허용치수 ~ LMVS까지 허용 된다.

(5) MMC, LMC와 상호요구사항으로 지시된 도면

① 외측형체가 Ⓜ Ⓡ로 지시된 도면

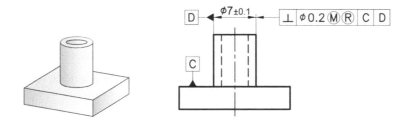

| 그림 2-30 | **MMC, 상호요구사항 규제 외측형체**

[그림 2-30]은 실린더 외측 축심에 직각도를 MMC와 MMR 조건으로 $\phi0.2$를 허용하는 도면이다.

○ 규제부위 치수 변화에 따른 기하공차 허용치 계산

| 표 2-13 | **MMC에 상호요구사항 적용 시 치수 변화별 허용 공차**

규제부위 치수		직각도 허용치	비고
MMVS	ϕ7.3	ϕ0.0	Ⓡ에 의해 발생된 구간
-	ϕ7.2	ϕ0.1	
MMS	ϕ7.1	ϕ0.2	Ⓜ에 의해 결정된 구간
임의 치수	ϕ7.0	ϕ0.3	
LMS	ϕ6.9	ϕ0.4	

[표 2-13]은 MMC와 MMR(상호요구사항)이 적용된 경우의 규제부위 치수 변화와 직각도 허용치 변화 관계를 나타내고 있다. 그러므로 규제부위 치수는 MMVS인 ϕ7.3까지 허용된다.

㉠ 상호요구사항에 의해 기하공차 허용치가 0일 때 까지 치수변화를 허용한다.
㉡ 축형체에 규제되어 직각도 허용치가 0일 때 MMVS는 ϕ 7.3이다.
㉢ 외측형체의 Ⓜ Ⓡ로 지시된 규제부위 치수의 허용 범위는 최소(LMS 일때) ϕ 6.9~ 최대(MMVS 일 때) ϕ 7.3까지 허용 된다.
㉣ 직각도 허용 범위는 최소 ϕ 0.0~ 최대 ϕ 0.4 이다.

② 내측형체가 Ⓜ Ⓡ로 지시된 도면

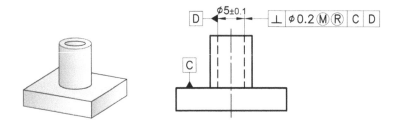

| 그림 2-31 | **MMC, 상호요구사항 규제 내측형체**

[그림 2-31]은 실린더 내측형체 축심에 직각도를 MMC와 MMR 조건으로 φ0.2 허용하는 도면이다.

○ 규제부위 치수 변화에 따른 기하공차 허용치 계산

| 표 2-14 | MMC에 상호요구사항 적용 시 치수 변화별 허용 공차

규제부위 치수		직각도 허용치	비고
MMVS	φ4.7	φ0.0	Ⓡ에 의해 발생된 구간
-	φ4.8	φ0.1	
MMS	φ4.9	φ0.2	Ⓜ에 의해 결정된 구간
임의 치수	φ5.0	φ0.3	
LMS	φ5.1	φ0.4	

[표 2-14]는 MMC와 MMR이 적용된 경우의 규제부위 치수변화와 직각도 허용치 변화 관계를 나타내고 있다. 그러므로 규제부위 치수는 MMVS인 φ4.7 까지 허용된다.

㉠ 상호요구사항에 의해 기하공차 허용치가 0일 때 까지 치수변화를 허용한다.

㉡ 구멍형체에 규제되어 직각도 허용치가 0일 때 MMVS는 φ 4.7이다.

㉢ 내측형체의 ⓂⓇ로 지시된 규제부위 치수의 허용 범위는 최대(LMS 일 때) φ 5.1~ 최소(MMVS 일 때) φ 4.7까지 허용 된다.

㉣ 직각도 허용 범위는 최소 φ 0.0~ 최대 φ 0.4 이다

③ 외측형체가 ⓁⓇ로 지시된 도면

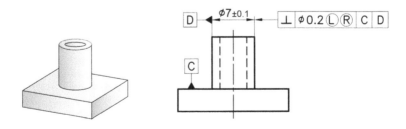

| 그림 2-32 | LMC, 상호요구사항 규제 외측형체

[그림 2-32]는 실린더 외측의 축심에 직각도를 LMC와 LMR 조건으로 $\phi 0.2$를 허용하는 도면이다.

○ 규제부위 치수 변화에 따른 기하공차 허용치 계산

| 표 2-15 | **LMC에 상호요구사항 적용 시 치수 변화별 허용 공차**

규제부위 치수		직각도 허용치	비고
MMS	$\phi 7.1$	$\phi 0.4$	
임의 치수	$\phi 7.0$	$\phi 0.3$	Ⓛ에 의해 결정된 구간
LMS	$\phi 6.9$	$\phi 0.2$	
-	$\phi 6.8$	$\phi 0.1$	Ⓡ에 의해 발생된 구간
LMVS	$\phi 6.7$	$\phi 0.0$	

[표 2-15]는 LMC와 LMR이 적용된 경우의 규제부위 치수 변화와 직각도 허용치 변화관계를 나타내고 있다. 그러므로 규제부위 치수는 LMVS인 $\phi 6.7$까지 허용된다.

㉠ 상호요구사항에 의해 기하공차 허용치가 0일 때 까지 치수변화를 허용한다.

㉡ 축 형체에 규제되어 직각도 허용치가 0일 때 LMVS는 $\phi 7.3$이다.

㉢ 외측형체의 ⓁⓇ로 지시된 규제부위 치수의 허용 범위는 최대(MMS 일 때) $\phi 7.1 \sim$ 최소(LMVS 일 때) $\phi 6.7$까지 허용된다.

㉣ 직각도 허용 범위는 최소 $\phi 0.0 \sim$ 최대 $\phi 0.4$ 이다.

④ 내측형체가 ⓁⓇ로 지시된 도면

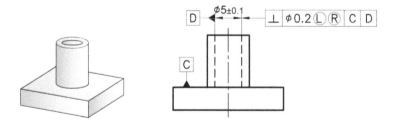

| 그림 2-33 | **LMC, 상호요구사항 규제 내측형체**

[그림 2-33]은 실린더 내측형체 축심에 직각도를 LMC와 LMR 조건으로 ϕ 0.2 허용하는 도면이다.

○ 규제부위 치수 변화에 따른 기하공차 허용치 계산

| 표 2-16 | **LMC에 상호요구사항 적용 시 치수 변화별 허용 공차**

규제부위 치수		직각도 허용치	비고
MMS	$\phi4.9$	$\phi0.4$	Ⓛ에 의해 결정된 구간
임의 치수	$\phi5.0$	$\phi0.3$	
LMS	$\phi5.1$	$\phi0.2$	
-	$\phi5.2$	$\phi0.1$	Ⓡ에 의해 발생된 구간
LMVS	$\phi5.3$	$\phi0.0$	

[표 2-16]은 LMC와 LMR이 적용된 경우의 규제부위 치수변화와 직각도 허용치 변화관계를 나타내고 있다. 그러므로 규제부위 치수는 LMVS인 $\phi5.3$까지 허용된다.

㉠ 상호요구사항에 의해 기하공차 허용치가 0일 때 까지 치수변화를 허용한다.

㉡ 구멍 형체에 규제되어 직각도 허용치가 0일 때 LMVS는 ϕ 5.3이다.

㉢ 내측형체의 ⓁⓇ로 지시된 규제부위 치수의 허용 범위는 최소(MMS 일 때) ϕ 4.9~ 최대(LMVS 일 때) ϕ 5.3까지 허용된다.

㉣ 직각도 허용 범위는 최소 ϕ 0.0~ 최대 ϕ 0.4 이다.

기하공차는 허용치의 조건이 앞에서 설명한 것처럼 Ⓜ, Ⓛ, ⓂⓇ, ⓁⓇ로 규제가 가능하며 이를 비교 정리 해보고자 한다.

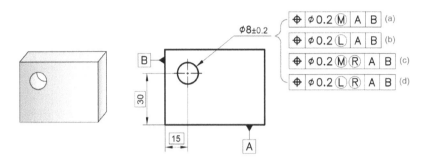

| 그림 2-34 | **최대 · 최소 실체조건과 상호요구사항**

[그림 2-34]는 $\phi 8$ 구멍에 위치도 $\phi 0.2$를 각각 다른 조건(Ⓜ, Ⓛ, ⓂⓇ, ⓁⓇ)으로 규제할 때 규제부위 치수와 위치도 허용치 관계를 살펴보기 위한 도면이다.

도면은 기하공차 규제 시 판단하는 조건에 따라 (a)~ (d)에 제시된 하나의 방법으로 규제가 가능하며 이때 (a)~ (d)의 방법으로 규제한 경우 규제부위 치수와 기하공차 허용치는 다음 표와 같다.

| 표 2-17 | Ⓜ, Ⓛ 및 ⓂⓇ, ⓁⓇ로 **규제 시 허용치 비교**

규제부위 치수	규제 조건별 기하공차 허용치			
	Ⓜ	Ⓛ	ⓂⓇ	ⓁⓇ
7.6(MMVS)	치수 불합격	치수 불합격	0	치수 불합격
7.7	치수 불합격	치수 불합격	0.1	치수 불합격
7.8(MMS)	0.2	0.6	0.2	0.6
7.9	0.3	0.5	0.3	0.5
8	0.4	0.4	0.4	0.4
8.1	0.5	0.3	0.5	0.3
8.2(LMS)	0.6	0.2	0.6	0.2
8.3	치수 불합격	치수 불합격	치수 불합격	0.1
8.4(LMVS)	치수 불합격	치수 불합격	치수 불합격	0

[표 2-17]은 각 규제조건별 치수와 기하공차(위치도) 값을 나타내고 있다.

표에서 나와 있는 내용처럼 Ⓜ 또는 Ⓛ로 규제된 경우 치수는 규제부위 치수공차 허용범위에서 있는 것만 가능하며 ⓂⓇ 또는 ⓁⓇ로 규제된 경우는 기하공차가 0이 될 때 까지 치수를 기하공차 변화량 만큼 연동해서 허용하는 것이 가능해 진다.

5 동적공차선도

치수공차와 기하공차의 관계는 상호 연관되는데 이 연관된 값을 일반적으로 표로 나타내지만 시각적으로 허용 범위를 쉽게 알아보도록 하기 위해 그래프로 시각화 해서 나타내는 것을 동적공차선도라 한다.

(1) 축 형체에 대한 동적공차선도

[그림 2-35]는 축 형체에 기하공차를 규제한 경우 축의 치수와 기하공차 허용치 관계를 나타내기 위한 도면이다.

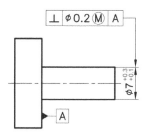

| 그림 2-35 | **축 형체의 최대실체조건**

동적공차선도 작성을 위한 축 형체의 직각도 규제 도면으로 MMC로 규제되었을 때 동적공차선도 작성에서 관련된 치수는 MMS, LMS, VS이며 축형체이므로 LMS는 MMS보다 작은 치수이지만 LMS일 때 기하공차 허용치는 최대가 된다.

| 표 2-18 | 치수 변화에 따른 기하공차 허용치 변화

규제부위치수		직각도 허용치	MMVS
MMS	7.3	0.2	
임의치수	7.2	0.3	7.5
LMS	7.1	0.4	

[표 2-18]은 치수변화와 직각도 변화 관계를 나타내는 것으로 치수공차 허용 범위는 7.1~7.3

기하공차 허용 범위는 치수공차에 대응하는 상태에서 최소 0~ 최대 0.4 까지 이며 음영으로 된 범위가 허용범위 영역으로 합격처리 된다.

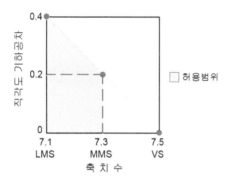

| 그림 2-36 | 축 형체 최대실체조건 적용 동적공차선도

도면과 [표 2-18]에 의해 축이 MMS인 7.3일 때 직각도 허용치는 0.2이고 축이 LMS인 7.1일 때 직각도 허용치는 0.4이다.

축은 치수공차 범위인 LMS(7.1)~MMS(7.3) 내에서 합격이고 직각도는 이 값에 대응하는 0.4~0.2 구간이 허용범위이므로 그래프의 음영 영역이 허용범위가 된다.

(2) 구멍 형체에 대한 동적공차선도

[그림 2-37]은 구멍형체에 직각도를 규제하여 MMC 조건에서 구멍의 치수와 기하공차 허용치 관계를 나타내기 위한 도면이다.

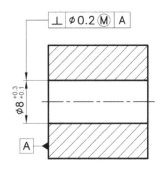

| 그림 2-37 | **구멍 형체의 최대실체조건**

구멍 형체의 직각도 규제 도면으로 MMC로 규제되었을 때 동적공차선도 작성에서 관련된 치수는 MMS, LMS, VS이며 구멍 형체이므로 LMS는 MMS보다 큰 치수이고 LMS일 때 기하공차 허용치는 최대가 된다.

| 표 2-19 | **치수 변화에 따른 기하공차 허용치 변화**

규제부위치수		직각도허용치	MMVS
MMS	8.1	0.2	
임의치수	8.2	0.3	7.9
LMS	8.3	0.4	

허용치 변화를 나타낸 [표 2-19]에서 알 수 있듯이 구멍의 치수공차 허용 범위는 8.1~ 8.3이고 기하공차 허용 범위는 치수공차에 대응하는 상태에서 0.2~ 0.4 까지이다. 이를 동적공차선도 그래프로 그리려 시각화하면 아래와 같다.

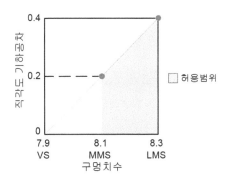

| 그림 2-38 | **구멍 형체 최대실체조건 적용 동적공차선도**

6 기하학적 형상 추출면 설정을 위한 관계평면

기하공차는 규제 형상의 추출 선이나 추출 면에 기하학적 형상 편차를 정의하지만 같은 요소라 하더라도 제한하는 유형에 따라 다른 편차로 제한될 수도 있다.

제한하는 유형의 표시는 3D 투상도(등각도)에 상세명세 지시자 기호로 나타낸다. 기호의 종류는 교차평면 유형과 자세평면 유형이 있다.

(1) 교차평면으로 지정하는 방법과 지시자 기호

교차평면 대상 형체는 회전체(원추형, 원통형), 평면형체 등에 사용되며 평행, 직각, 대칭의 교차평면 유형 지시자를 써서 나타낸다.

| 그림 2-39 | **교차평면 지시자 기호**

[그림 2-39]에 사용된 교차평면 지시자 기호는 아래 그림처럼 사각형틀을 구분하여 좌측에 교차평면유형기호(평행, 직각, 대칭)를 넣고 오른쪽에는 유형의 기준이 되는 데이텀(면) 식별 문자를 기입하여 좌측에 채우지 않은 삼각기호를 붙여 기하공차 지시 틀의 오른쪽에 둔다.

교차평면 지시자 기호는 사각형틀을 구분하여 왼쪽 첫째 칸에는 교차평면 유형기호(평행, 직각, 대칭)를 넣고 두 번째 칸에는 유형의 기준이 되는 데이텀(면) 문자를 기입하여 사각형틀의 좌측과 우측에 채우지 않은 삼각기호를 붙여 기하공차 지시 틀의 오른쪽에 둔다.

관계평면을 나타내는데 사용하는 평행, 직각, 대칭 등의 기호는 이것이 기하공차 종류인 평행도, 직각도, 대칭도와는 다른 의미인 규제 표면의 추출 시 데이텀 기준 자세를 표현하는 것이다.

관계평면 기호로 교차평면 지시자 기호는 독립적으로 사용되거나 다른 평면 지시자 기호와 함께 사용될 수도 있다.

도면에 교차평면 지시자 기호를 표시할 때에는 3D에서 기하공차기입 틀 오른쪽에 표시한다.

복수의 관계평면 기호를 나타낼 경우는 3D에서 위 · 아래에 표시한다.

(2) 자세평면으로 지정하는 방법과 지시자 기호

자세평면 대상 형체는 회전체(원추형, 원통형), 평면형체 등에 사용되며 평행, 직각, 경사의 자세평면 유형을 지시자를 써서 나타낸다.

공차 형체는 중간선 또는 중간점 이고 공차영역의 폭은 두 개의 평행한 평면에 의해 제한된다.

자세평면 지시는 3D 투상도(등각도)에서 다음과 같을 때 사용한다.

• 기하 공차역의 폭이 지시된 기하학적 형상에 알맞지 않을 때

• 공차 형체가 점 또는 하나의 직각좌표 방향으로 표시된 중간선일 때

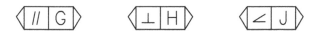

| 그림 2-40 | **자세평면 지시자 기호**

[그림 2-40]에 사용된 자세평면 지시자 기호는 아래 그림처럼 사각형틀을 구분하여 왼쪽 첫째 칸에는 자세평면 유형기호(평행, 직각, 경사)를 넣고 두 번째 칸에는 유형의 기준이 되는 데이텀(면) 문자를 기입하여 사각형틀의 좌측과 우측에 채우지 않은 삼각기호를 붙여 기하공차 지시 틀의 오른쪽에 둔다.

관계평면 기호로 자세평면 지시자 기호는 독립적으로 사용되거나 다른 평면 지시자 기호와 함께 사용될 수도 있다.

도면에 자세평면 지시자 기호를 표시할 때에는 3D에서 기하공차기입 틀 오른쪽에 표시한다.

복수의 관계평면 기호를 나타낼 경우는 3D에서 위 · 아래에 표시한다.

기초부터 실무까지
기 하 공 차

3

기하공차의 종류와 해석

03 기하공차의 종류와 해석

기하공차는 규제되는 형상 특성에 따라 형상공차, 자세공차, 위치공차, 흔들림 공차의 4가지로 분류한다.

01 형상공차

형상공차에는 진직도, 평면도, 진원도, 원통도, 선의윤곽도, 면의윤곽도가 있으며 모두 데이텀 없이 지시된다.

MMC 등의 공차규제 조건은 보통 적용되지 않으나 진직도를 축선에 지시하는 경우 치수공차와 연계하여 적용할 수 있다.

1 진직도 공차

(1) 정의

진직도는 형체의 표면 또는 축선이 기하학적인 정확한 직선으로 부터 벗어난 크기로 평행한 두 직선 사이의 폭을 말한다.

진직도 기준선은 일반적으로 최소영역 기준선(최소 거리만큼 떨어져 있는 평행한 두 직선의 내측 산술평균선) 등이 사용된다.

평탄한 표면, 원통형체의 표면과 축선 등에 진직도 공차가 규제된다.

진직도 공차는 규제 형체의 가로 방향에 따르는 규제된 진직도 공차 범위 내에서 균일한 폭의 공차를 규제하는 것으로 그 영역 내에 모든 점이 들어가야 한다.

진직도 공차는 형체의 치수공차 범위 내에 있어야 한다.

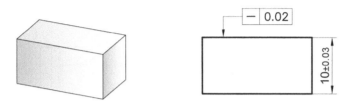

| 그림 3-1 | **표면에 대한 진직도**

[그림 3-1]의 진직도 공차는 규제 형체의 투상 방향으로 규제된 진직도 공차 범위 내에서 균일한 폭의 공차를 규제하는 것으로 치수공차 방향과 무관한 서로 나란한 진직도 두 기준선 영역 내에 모든 점이 들어가야 한다.

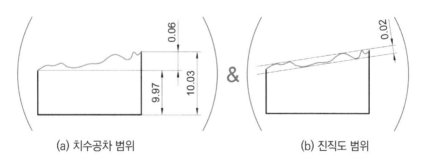

(a) 치수공차 범위   (b) 진직도 범위

| 그림 3-2 | **표면 진직도의 치수공차 범위와 진직도 범위**

[그림 3-2]의 (a)에 나타난 치수공차 범위는 국부 그림 치수로 바닥면으로부터 치수 공차이다. (b)에 나타난 진직도 범위는 규제 표면에서 생성되는 진직도 기준선에 의해 결정된다.

그러므로 [그림 3-1] 도면 규제 사항은 [그림 3-2]에서 (a)와 (b)를 동시에 충족해야 하는 것이다.

[그림 3-2]와 같이 치수공차는 수직한 방향으로 결정되며 진직도 공차는 규제 표면 형체가 놓인 방향에서 진직도 기준선이 결정된다. 그러므로 도면의 진직도는 치수공차 범위와 기하공차 진직도 공차를 모두 만족해야 하므로 분리된 것으로 판단하면 (a)와 (b)를 동시에 만족해야 한다.

(2) 평면에 지시 방법

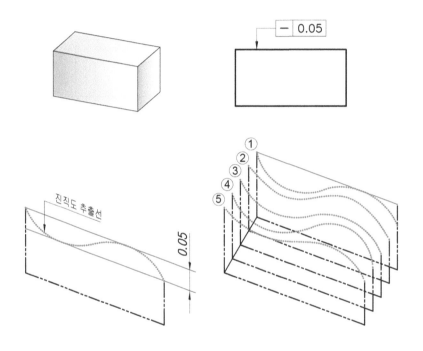

| 그림 3-3 | **표면 진직도의 진직도 추출 방향과 범위**

[그림 3-3]은 표면에 진직도를 규제하고 진직도 값을 추출하는 그림으로 규제 평면의 폭 방향 ① ~ ⑤ 까지 진직도 추출선에 외접한 평행선의 폭 중 가장 큰 것이 평면의 진직도이다.

(3) 평면의 교차평면에 의한 지시 방법

정투상된 2D 도면에 나타내거나 등각도의 3D 도면 지시와 함께 나타낸다.

진직도는 지시된 위 표면에서 투상된(좌우)방향으로 추출하는 선(Profile)에서 결정된다.

[그림 3-4]는 진직도를 규제하되 데이텀 A에 평행한 방향의 면과 규제면의 교차평면 상에서 결정되는 진직도를 말한다.

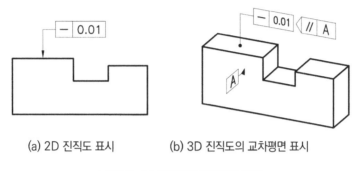

(a) 2D 진직도 표시   (b) 3D 진직도의 교차평면 표시

| 그림 3-4 | **교차평면 지시자의 표시**

좌우방향 추출선의 지점은 전체 세로 길이에 포함되어 추출된다.

전체 세로길이에서 추출한 여러 선의 진직도 값 중 가장 큰 값이 진직도이다.

[그림 3-5]는 도면에서 교차평면의 평행면 지시자에 의해 데이텀 A면과 평행한 방향으로 설정된 평면과 규제면과 교차 평면 상에서 결정된다.

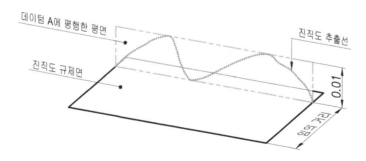

| 그림 3-5 | **교차평면 지시자의 평행면에 의한 진직도 추출**

(4) 축선에 지시 방법

[그림 3-6]은 진직도를 원통의 축선에 규제하기 위해 치수선에 연결해서 진직도를 기입하였다.

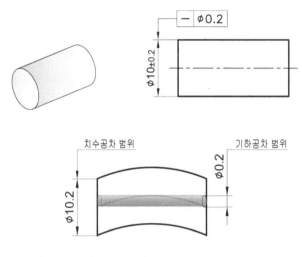

| 그림 3-6 | **직경공차역으로 지시된 진직도의 범위**

그림처럼 진직도는 직경공차역으로 되어있으므로 축선에 $\phi0.2$의 원통형상 공차 범위이다.

치수공차는 포락조건이 부여되어 있지 않으므로 해석 형상 임의 위치에서 두 점 국부 치수만 치수공차 범위(ϕ 9.8~ $\phi10.2$)를 만족하면 된다.

직경공차역의 진직도는 허용 방향이 상ㆍ하ㆍ좌ㆍ우 원형으로 된 360°의 모든 방향 내에 있으면 된다는 것을 의미한다.

(5) 단위 길이의 진직도

전체 길이 중 기준(단위)길이 크기마다 허용하는 값을 정하는 것을 말한다.

단위 길이에 대한 진직도로 규제하면 국부적으로 단위 길이로만 필요한 값을 규제하므로 전 길이에 적용되는 일반적인 진직도에 비해 완화된 기준으로 적용되는 것으로 해석이 된다(전체 길이에 대해서는 공차가 커질 수 있다).

만일 변형이 한 방향으로 추세적으로 계속되는 특정한 경우는 단위길이 마다의 변화에 비해 전체길이의 변화량이 한 방향으로 누적된다고 볼 수 있어 설계의도와 달리 큰 변형 상태도 규제 범위를 만족하는 해석이 된다.

즉, 형체가 심하게 왜곡되는 현상도 추정 가능하며 이렇게 한 방향으로만 누적되어 왜곡되는 현상을 막으려면 단위길이와 함께 전체 길이에 대한 허용치를 동시에 규제해야 한다.

① 단위길이에 대한 진직도 규제시 허용 변화량 계산

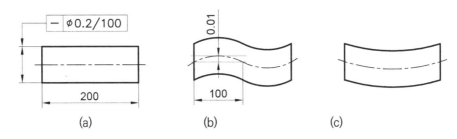

| 그림 3-7 | **진직도 규제된 제품의 두 가지 형체 변형 예측**

[그림 3-7]은 길이 200의 원통 축심에 대한 단위길이 100당 ϕ 0.01의 진직도를 허용하는 도면이다.

(b)는 원통의 길이 방향으로 상쇄되는 변형이 생기는 경우이다.

(c)는 한쪽 방향으로 누적되는 변형이 발생되는 경우이다.

단위길이에 대한 허용치를 규제한 경우는 (b), (c) 모두 허용 가능한 경우가 되기 때문에 (b)에 비해 (c)처럼 되는 한 방향으로 누적되어 심하게 왜곡되는 것을 방지하려면 단위길이에 대한 진직도와 함께 전 길이에 대한 진직도를 동시에 규제하는 것이 타당하다.

> ### 진직도 공차 최대 변화량 계산 예
>
> - 적용 도면 그림 3-7 (a)
> - 발생되는 상황 한 방향으로 누적되는 변형(2차 함수 형체)에서 발생
> - 계산 적용 변수
>   - 단위길이 당 허용치 : 0.01/100
>   - 전 길이 : 200
>   - 계산 적용식 $y = ax^2$
>   y : 진직도 공차 최대 변화량(T)
>   a : 기울기(단위길이당 허용치)▶ 0.01
>   x : 200의 변위비(기준 100에 대한 길이의 비) ▶ 2
> - 계산 결과
> $$y = ax^2$$
> $$= 0.01 \times 2^2$$
> $$= 0.04$$

② 단위 길이에 대한 규제 시 누적변화 해석

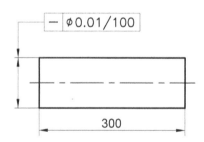

| 그림 3-8 | **단위 길이에 대한 진직도 규제**

위 도면 그림 3-8에서 단위 길이 100당 0.01로 규제된 경우 전체길이 300에 대한 최대 (누적)변화량 허용치 계산하면 0.09이다.

$$y = ax^2$$
$$= 0.01 \times 3^2$$
$$= 0.09$$

또한 도면의 단위 길이당 허용치의 동일 방향 누적 변화를 100, 200, 300 길이마다 최대로 누적되는 것을 그림으로 나타내면 다음과 같다.

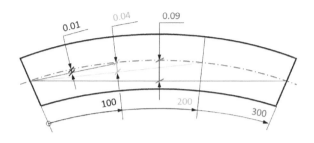

| 그림 3-9 | **단위길이 100×n의 누적 변화 도시**

그림처럼 100×n 길이마다 누적된 변화량은 최대 αn^2 수준으로 변하는 것을 알 수 있다.

③ 단위 길이 및 전 길이에 대한 동시 규제와 해석

[그림 3-10]은 전체길이 300에 대해 단위길이 100으로 진직도를 규제하는 도면이다.

㉠ 단위 길이 당 진직도 허용치 : ϕ 0.01

㉡ 전 길이에 대한 진직도 허용치 : ϕ 0.05

㉢ 단위길이와 전 길이의 동시 진직도 규제 시 공차 해석

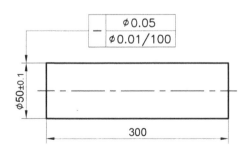

| 그림 3-10 | **단위 길이와 전 길이에 동시 규제**

전체 길이 300으로 된 축선의 진직도 변화량은 단위 길이 100당 ϕ 0.01의 진직도를 허용하되 최대 변화 허용량은 길이 비 제곱의 비율로 커져 ϕ 0.09 까지 가능해지게 되므로 이런 모순을 방지하기 위해 전체 길이 300에 대해서는 최대 ϕ 0.05 까지만 허용하는 것을 규제하는 도면이다.

(6) 진직도의 측정 방법 예

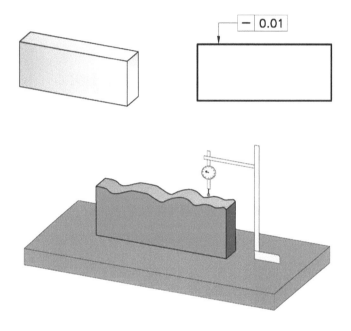

| 그림 3-11 | **진직도 도면의 제품을 측정하는 사례**

[그림 3-11] 처럼 정반 면에 제품을 놓고 인디케이터를 하이트게이지에 고정하여 하이트게이지를 움직이면서 인디케이터 바늘의 움직임 변화량을 찾는 방식의 측정이 가능하나 제품의 바닥면 상태의 영향을 받아서 측정 결과를 나타내므로 엄밀하게는 진직도 측정에서 모순되고 바닥면과 규제되는 윗면이 평행하다는 것이 항상 전제되지 않기 때문에 올바른 측정 방법은 아니지만 현장에서는 간략 측정법으로 자주 사용되는 방식이다. 평면에 규제된 진직도의 정확한 측정을 위해서는 수준기, 전자수준기시스템 또는 레이저인터페로미터 등으로 측정하는 것이 좋다.

(7) 진직도의 3차원측정기를 이용한 측정

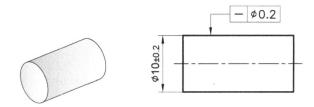

| 그림 3-12 | **원통의 축선에 직직도 규제**

원통의 진원도는 원통 표면에 대한 진원도와 원통 축선에 대한 진원도로 구분되며 [그림 3-12]는 축선에 대한 진원도를 규제하고 있다.

- 원통의 축선이 3차원측정기의 z방향에 놓이도록 하고 측정하는 것이 좋다.
- 원통의 표면을 두 개 이상 단면에서 측정하면 축선은 생성되지만 원통 축선의 진원도 값을 말하는 것은 아니다.
- 축선의 진원도를 구하려면 원통을 여러 단면 지점에서 원 요소로 측정하여 각 원의 측정 데이터가 만들어지는데 생성된 각 원 정보를 점으로 변환한 후 이 점을 잇는 직선을 생성하여 진직도값을 구하는 것이 좋다.
- **측정 방법** : 부록 「04. 진직도의 3차원 측정기를 이용한 측정」 참조

---

2 평면도 공차

(1) 정의

평면도는 한 평면상에 있는 모든 표면이 정확한 평면으로부터 벗어난 크기이다.

진직도는 한 방향에 대한 공차이지만 평면도는 여러 방향에 대한 표면의 공차이다.

① 평면도 규제 표면은 모든 방향으로는 평탄하지 않은 볼록하거나 오목한 형상에 의해 결정된다.

  ㉠ 평면도는 기하학적인 평행한 두 기준평면의 간격으로 결정된다.

  ㉡ 평행한 두 기준평면 간격이 최소가 되었을 때 크기가 평면도이다.

ⓒ 기하학적인 평면(기준평면)은 규제 표면의 형상에서 최소영역법으로 설정 된다.

ⓓ 표면형상은 평탄하지 않은 볼록하거나 오목한 형상이 포함되지만 표면거칠기 의 요철이나 거친은 부분 등은 포함되지 않는다.

② 평면도 공차는 단독 형상을 규제하는 형상공차로 데이텀이 필요 없으며 MMC, LMC를 적용할 수 없으나 중간면에 적용 시에는 가능하다.

③ 평면도 공차는 형체의 치수공차 범위 내에서 있어야 한다.

④ 규제면의 형체 모양을 지시할 필요가 있는 경우 「볼록면이어서는 안된다」의 「 NC」(not convex)기호를 [그림 3-13]처럼 공차기입 틀 가까이 표시한다.

| 그림 3-13 | **공차기입틀 근처에 「NC」 표시**

⑤ 「볼록면이어서는 안된다」를 지시하기 위한 「NC」 문자 기호는 공차기입틀 위 또는 아래쪽에 표시한다.

(2) 치수공차 범위 내의 평면도

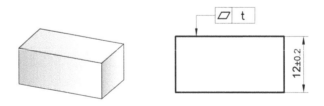

| 그림 3-14 | **제품 표면에 평면도 규제**

평면도는 면에 대한 규제로 면의 치수값과 연관되어 표현 되지만 평면도 공차는 관련형체에 규제하는 것이 아니므로 데이텀과 무관하며 형상의 치수(공차)와는 독립적으로 해석된다. 그러므로 평면도 공차는 제품형체의 치수공차범위 내에서 존재해야 하되 독립적으로 평면도 공차를 측정하여야 한다.

치수공차 범위 내의 평면도 해석

- 평면도 공차가 규제된 위 표면은 바닥면과는 관련이 없으므로 기하공차 범위의 평행한 두 가상 평면은 바닥면과 평행할 필요는 없다(바닥 면으로 부터의 높이는 치수공차가 적용된다).
- 그림에서 제품의 좌측 z높이와 우측의 z높이는 서로 같지 않다.
- 좌 · 우측 높이 편차가 크게 존재하여도 편차 값과 평면도와는 무관하다
- 규제된 위 표면이 바닥면과 경사진 상태라 하더라도 평면도와는 무관하다
- 평면도는 규제 표면의 평탄한 상태 여부 측정치에서 결정된다
- 이상적인 위 · 아래 두 기준면 평면은 상호 평행하지만 바닥면과는 무관하다
- 두 기준 평면 내에 규제된 모든 지점의 면이 존재할 때 두 기준 평면의 폭이 평면도이다.

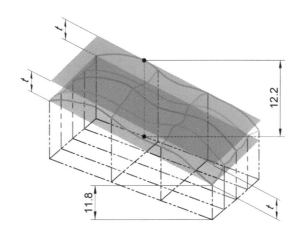

| 그림 3-15 | **치수공차와 평면도 공차 의 관계**

[그림 3-15]에서 국부 치수로 가장 짧은 지점의 치수가 최소허용치수로 11.8이다. 가장 긴 지점의 치수가 최대허용치수로 12.2이다.

평면도 공차는 규제 표면의 이상적인 기준평면이 결정되면 이 면을 상하 접점까지 이동시켜서 그 거리를 평면도로 한다.

(3) 단위 평면도 및 영역 평면도

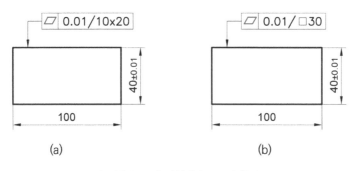

| 그림 3-16 | **단위평면도 규제 형식**

[그림 3-16]의 단위 평면도로 규제는 도면 (a)는 전체 지시면 중 단위영역을 가로와 세로 영역을 다르게 구분해서 나타낸 경우이며 (b)는 정방형으로 가로 세로를 동일 크기로 단위영역을 나타낸 경우이다.

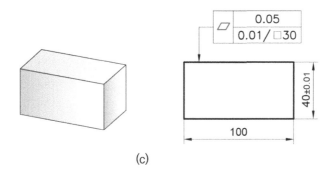

| 그림 3-17 | **단위 평편도 규제와 동시에 전체 평면도 규제**

[그림 3-17]의 (c)는 전체 규제면에 대해 단위영역(가로 세로 각 30)으로 규제(0.01)한 후 규제면 전체는 평면도 공차 한계를 0.05로 구분해서 동시에 규제한 것으로 전체 규제와 단위영역 규제 내용을 공차 기입 틀의 위·아래 칸으로 구분해서 표시한다.

(4) 제한된 영역의 평면도 공차

기하공차가 규제되는 면의 부분적인 크기에 대한 규제로 단위 영역 당 값을 제한하는 경우와 함께 지정하는 위치에 지정하는 크기로 규제하는 경우가 있다. 이때는 도면에 그 위치와 크기를 직접 표시해서 나타내면 된다.

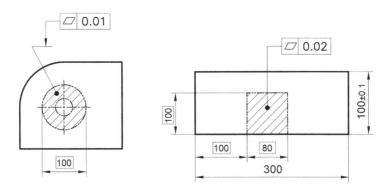

| 그림 3-18 | **제한된 영역의 평면도 공차 규제**

[그림 3-18]의 (a)와 (b)는 단일형체에서 특정위치 지정 영역의 제한된 부분에만 평면도를 규제하는 경우로 영역의 위치와 크기를 나타내야 하며 영역의 경계는 굵은 1점 쇄선으로 하고 영역 내부는 해칭하여 표시한다.

(5) 분리 형체에 대한 단일 공차와 공통공차역 지시

연관요소의 분리 형체에 평면도를 적용하는 경우 개별 공차를 적용하거나 공통 공차를 적용해도 된다.

공통공차를 적용하려면 공차값 뒤에 CZ(공통영역)기호를 표시한다.

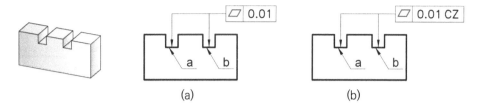

| 그림 3-19 | **단일 공차지시와 공통공차역 지시 비교**

[그림 3-19]에서 에서 a, b는 떨어져 있어서 분리 형체(요소)지만 연관 요소인 경우이다.

(a)는 분리 형체(요소)에 평면도를 적용하여 a, b 각 요소의 평면도가 독립적으로 0.01이내 이어야 한다.

(b)는 공통 공차를 적용하여 a와 b면이 하나의 단일 면(CAD 모델에서 하나로 된 확장 요소)으로 공차값 0.01이 규제된다.

이때 (a)에 비해 (b)의 경우가 더욱 엄격한 조건의 공차관리이다.

(6) 평면도 측정을 위한 표면 특성 추출 방법

규제 평면의 특성을 잘 추출하려면 추출 형식과 추출 점의 간격이 중요하다. [그림 3-20]은 추출 형식에 주로 사용되는 방법이다.

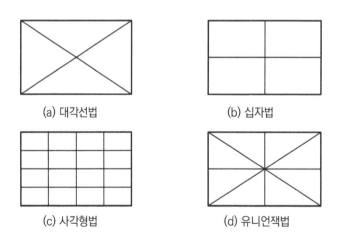

| 그림 3-20 | **표면 특성을 규칙적으로 추출하기 위한 형식**

표면 특성을 추출하기 위한 방법으로는 대각선법, 십자법, 사각형법, 유니언잭법의 형식으로 구분하여 규칙적으로 표면의 특성을 검출한다.

제품에서 표면특성 추출은 각 그림 선형처럼 하나의 표면을 분할한다고 생각하고 표면 분할의 특성에 따라 희망하는 방법을 선택하여 측정 방법을 진행하면 된다.

대형 제품의 경우 전자수준기 시스템, 레이저인터페로미터 등을 이용하며 소형 제품이거나 측정의 수월성에서 일반적으로는 3차원측정기를 많이 이용한다.

(7) 평면도의 3차원 측정기를 이용한 측정

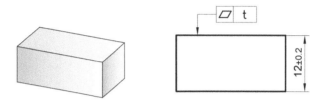

| 그림 3-21 | **제품 표면에 평면도 공차**

- 규제된 윗면을 측정좌표계 평면으로 설정하고 평면도를 측정한다.
- 평면도는 규제면이 위·아래 평행한 기준평면 내에 있을 때 그 평행한 크기를 말하므로 3차원측정기로 평면 측정시 위·아래 2개의 평면이 설정 될 수 있도록 최소 6점, 권장 8점 이상을 지정해야 좋다.
- **측정 방법** : 부록 「05. 평면도의 3차원 측정기를 이용한 측정」 참조

3 진원도 공차

(1) 정의

진원도는 규제 표면의 추출 원이 하나의 중심에서 내접원과 외접원으로 둘러 싸인 반경 상의 크기이다.

원형 형체를 동심인 기하학적 내접원과 외접원 간격인 반지름의 차가 진원도 값이다.

① 진원도 공차역은 반지름상의 공차역이다.

② 진원도는 공차는 공통의 중심 또는 공통의 축선에 수직한 표면의 반지름상의 공차이다.

③ 진원도는 원통 표면이나 구멍형체, 원추형체, 구 등에 적용된다.

④ 진원도는 단독형체의 표면에 규제되는 형상공차로 공차규제조건이나 데이텀도 필요하지 않다.

(2) 진원도 추출 원의 내접원과 외접원

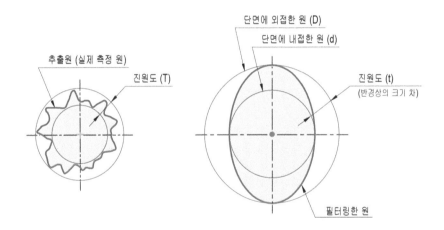

| 그림 3-22 | **진원도 공차를 결정하는 내접원과 외접원**

[그림 3-22]처럼 진원도는 추출한 원 또는 필터링한 원의 내접원과 외접원의 반경상의 크기로 나타내게 되며, 내접원과 외접원을 규정하는 방법, 순서에 따라 동심의 내·외접원 반경상의 차이는 다르게 된다.

(3) 진원도 공차를 평가하는 기하학적 원의 파라미터

① **최소외접기준원(Minimum circumscribed reference circle _MCCI)**

최소 외접원과 그 원에 동심한 내접원의 반경차를 진원도라 한다.

이때의 기준원은 최소 외접원이다.

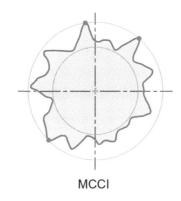

MCCI

| 그림 3-23 | **최소외접기준원(MCCI)의 내·외접원**

[그림 3-23]처럼 추출 원에 외접하는 2개 이상의 접점에 의한 외접원이 결정 되면 원의 중심에서 내접원이 동시에 정해지며 이때 내·외접원의 반경상의 차가 진원도이다.

구멍과 축을 끼워 맞춤하는 경우 구멍 크기를 가장 작게 적용하려는 경우 판단 하는데 이용한다.

② 최대내접기준원(Maximum inscribed reference circle _MICI)

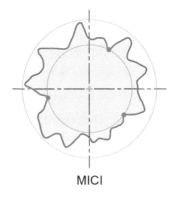

MICI

| 그림 3-24 | **최대내접기준원(MICI)의 내·외접원**

[그림 3-24]는 추출 원에 내접하는 원이 먼저 결정된다.

최대 내접원과 그 원에 동심한 외접원의 반경차를 진원도라 한다.

이때의 기준원은 최대 내접원이다.

구멍과 회전축의 결합시 구멍의 회전축선 위치를 결정하거나 축의 최대직경으로 판단하는데 이용한다.

③ 최소영역기준원(Minimum zone reference circle _MZCI)

동심의 외접원과 내접원의 반경차가 최소가 될 때 이를 진원도라 한다. 이때의 기준은 이 두개의 원과 같은 거리에 있는 동심의 중간점이 된다.
MZCI로 측정한 진원도 값이 일반적으로 가장 작은 값이 된다.

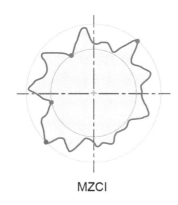

MZCI

| 그림 3-25 | **최소영역기준원(MZCI)의 내·외접원**

[그림 3-25]는 추출 원의 내접원과 외접원의 직경 차이가 최소가 되도록 설정되어 있다.

④ 최소제곱기준원(Least squares reference circle_LSCI)

최소 자승법에 의해 구해진 기준원은 다음의 수식으로 정의된다.

$$[R^2 = (x - a)^2 + (y - b)^2]$$

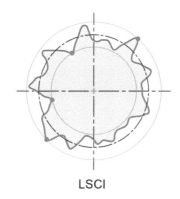

LSCI

| 그림 3-26 | **최소제곱기준원(LSCI)의 내 · 외접원**

임의의 측정 점(xi, yi)에서 중심까지 거리를 Ri라 하면 최소 자승값 u는 n개의 측정 데이터에 의해

$$u = \sum_{i=1}^{n} (R - Ri)^2, Ri^2 = \xi^2 + yi^2$$

로 구한다.

동심의 외접원과 내접원의 반경차로 진원도를 구하며 일반적으로 가장 많이 사용된다.

표면거칠기의 산술평균거칠기(Ra) 처럼 일반적인 진원도 통계에서 가장 많이 사용 된다.

• 진원도 전용측정기로 측정한 결과의 표시 예

| ○ | 0.03 | LSCI | 50 | 1 |

| 그림 3-27 | **진원도 측정 결과 값 예**

[그림 3-27]은 진원도 평가 방법에 따라 동일 조건에서 진원도 값이 달라질 수 있다.
- 0.03 : 진원도 공차 측정값(μm)
- LSCI : 진원도 평가방법(최소제곱기준원법)
- 50 : 추출 원 Filter, 1원주 당 50 개(UPR_ Under per round 50)
- 1 : 측정기 Stylus diameter(mm)

(4) 진원도 도면 지시

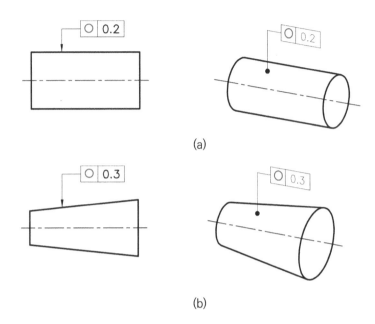

(a)

(b)

| 그림 3-28 | **원통과 원추에 지시된 진원도 공차**

진원도는 [그림 3-28]처럼 원통, 원뿔이나 구에도 적용이 가능하다.

원통과 원추의 진원도 추출 원은 동일 평면의 반경상 허용한계 범위내 2개 동심원 사이에 있어야 한다.

(5) 진원도의 3차원측정기를 이용한 측정

원통형상에 진원도가 규제되어 원통의 축선을 3차원 측정기 z축 방향으로 두고 측정하는 것이 좋으므로 제품을 수직하게 고정한다.

• 원통 축선을 측정좌표계로 설정하도록 한다.

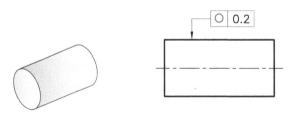

| 그림 3-29 | **원통형상의 진원도**

- z값이 다른 위치의 여러 군데 고정 지점에서 원 요소로 제품을 측정한다.
- 측정결과를 진원도로 변환하여 여러 개의 진원도 값 중 가장 큰 것이 제품의 진원도이다.
- 측정 방법 : 부록 「06. 진원도의 3차원 측정기를 이용한 측정」 참조

4　원통도 공차

(1) 정의

원통도는 원통형 형상의 임의 단면에서 진원여부, 축방향으로 진직여부, 길이 방향의 평행 여부 등에 대해 동시에 일정기준으로 제한하는 내접 원통과 외접 원통으로 둘러싸인 반경상의 크기이다.

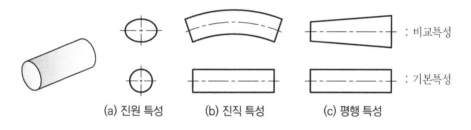

: 비교특성

: 기본특성

(a) 진원 특성　　(b) 진직 특성　　(c) 평행 특성

| 그림 3-30 | **원통도 복합공차의 진원, 진직, 평행 특성 비교**

원통도는 [그림 3-30]의 비교처럼 (a)의 진원도, (b)의 진직도, (c)의 평행도의 형상 특성을 동시에 규제하는 기하공차이다.

원통도 공차는 단독 형상을 규제하는 형상공차로 데이텀이 필요 없으며 표면에 대한 규제로 MMC, LMC를 적용할 수 없다.

(2) 원통도 공차의 특징

① 원통도 공차는 실제 제품이 완전한 원통으로부터 벗어난 크기이다.
② 원통도 공차역은 속이 비어 있는 관의 한쪽 벽두께와 같다.
③ 원통도 공차는 진원도, 진직도 및 평행도의 복합공차라 할 수 있다

제품(실선)을 포함하고 있는 기하학적인 내·외접 기준원통(점선)의 벽두께가 원통도이다.

원통도를 평가하기 위한 진직, 진원, 평행이 포함된 기하학적인 원통은 설정하는 방법에 따라 4가지가 있다.

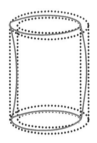

| 그림 3-31 | **원통도 크기를 정의하는 내외측 벽두께**

---

1. 최소외접기준원통(Minimum circumscribed reference circle _MCCY)
2. 최대내접기준원통(Maximum inscribed reference cylinder _MICY)
3. 최소영역기준원통(Minimum zone reference cylinder _MZCY)
4. 최소제곱기준원통(Least squares reference cylinder _LSCY)

---

(3) 원통도 공차 표시와 해석

원통도 공차는 단독형상을 표면에 규제하므로 데이텀, MMC, LMC 등을 표시할 수 없다.

공차 크기는 기하학적인 내·외접 원통의 반경상의 크기인 벽 두께와 같다.

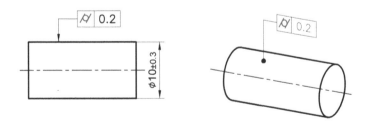

| 그림 3-32 | **원통도의 2D와 3D 도면 표시**

그림에 제시된 제품의 원주둘레 원통의 모든 표면은 반경상의 차이 0.2로 된 두 개의 내외측 동심원통 범위 내에 있어야 한다.

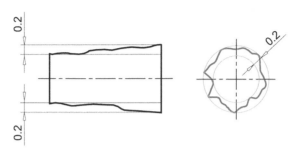

| 그림 3-33 | **원통 전체 길이 방향의 원통도**

원통의 길이 방향으로 반경상의 크기 0.2 범위는 임의 단면에서 진원도 0.2가 전 길이에 걸쳐 동시에 만족하는 것과 같다.

(4) 원통도와 진원도 공차 측정 원리 비교

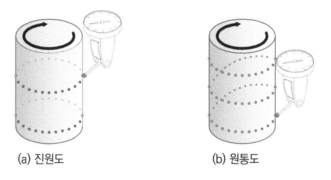

(a) 진원도　　　　　(b) 원통도

| 그림 3-34 | **진원도와 원통도 측정 방법의 차이**

(a)는 각 단면 부위별 동심원 내외경 차이가 단면 위치마다 독립적이며 (b)는 단일 형체로 연결된 내외경 원통의 반경상의 차이를 측정하는 원리도이다.

(5) 원통도의 3차원측정기를 이용한 측정

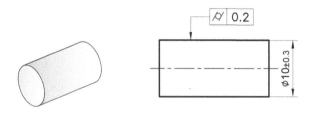

| 그림 3-35 | **원통에 원통도 규제**

- 원통도는 측정좌표계를 원통에 두고 원통요소를 선택해서 점으로 측정 가능하다.
- 원통 측정 단계에서 스캔방식이 측정정확도는 높지만 제품에 복합적인 다른 형체 특성이 없어야 하는 제약조건이 있어 실제 점 측정으로 하는 경우가 많다.
- **측정 방법** : 부록 「07. 원통도의 3차원 측정기를 이용한 측정」 참조

5 선의 윤곽도 공차(데이텀과 관련이 없는 선의 윤곽도)

(1) 정의

윤곽도 공차는 개별 요소의 조합으로 이루어진 형체 윤곽이 기준 윤곽에서 벗어난 크기이다.

기준윤곽은 CAD모델 정보이며 추출 윤곽선이 나란한 두 개의 기준 윤곽선 내에 존재할 때의 나란한 간격을 윤곽도 크기로 한다.

선의 윤곽도 공차와 면의 윤곽도 공차는 규제 특성에 따라 데이텀 없이 규제되는 경우와 데이텀에 의해 규제되는 경우로 구분된다.

형상공차에 속하는 선·면의 윤곽도 공차는 데이텀 없이 규제된다.

교차평면 지시자를 위한 데이텀은 윤곽도를 추출하는 방향을 결정 짓는 다른 기준으로 윤곽도 공차 데이텀과는 별개의 것이다.

윤곽도 공차의 허용치는 일반적으로 기준 윤곽선에서 내측과 외측이 동일하게 떨

어진 거리(등간격)를 합한 것이다.

기준윤곽에서 부등간격으로 허용 범위를 규제하려는 경우는 기준윤곽으로부터 나란한 두 윤곽선의 부등간격을 지정하고 윤곽도 허용 공차 뒤에 UZ(unequal zone)을 쓴다.

윤곽도 공차는 요소의 조합으로 된 하나의 형체 윤곽과 함께 이어진 요소에 대한 윤곽도를 함께 지정할 수 있다(~부터 ~까지, 온둘레 윤곽).

윤곽도 공차는 일반적으로 요소의 조합으로 된 하나의 윤곽 형체에 윤곽도를 지시한다.

윤곽도 공차는 윤곽형체와 연결된 다른 복합형체 까지 포함한 요소에 대한 윤곽도를 함께 기호를 사용하여 지정할 수 있다.

• 「~와 ○ 사이」: 「←→」기호를 문자나 도면 위치와 함께 범위 표현에 사용

• 「온둘레 윤곽」: 「←─○─」또는 ⌐ 기호를 화살표로 지시선으로 사용

(2) 선의 윤곽도 공차

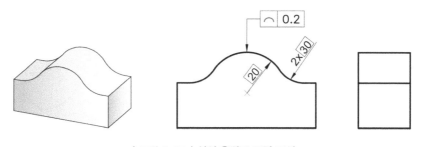

| 그림 3-36 | **선의 윤곽도 도면 표시**

[그림 3-36]은 R20으로 된 원호와 R30으로 된 좌·우 두 지점 원호가 서로 접하며 직선과 연결된 면에 대한 선의 윤곽을 규제하고 있다.

윤곽은 제품 중앙의 R20과 양측면 R30 두 개의 곡선이 접한 형체로 이루어져 있다.

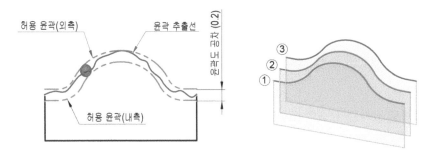

| 그림 3-37 | **선의 윤곽도 범위 해석**

[그림 3-37]에서 선의 윤곽도는 단일 형체에 대한 윤곽도 공차로 데이텀 없이 규제되었으며 내·외측 허용 윤곽선의 오프셋 범위가 윤곽도 허용 공차이며 윤곽 전체 구간은 윤곽도 허용치로 ϕ 0.2 볼이 지나갈 수 있도록 확보된 내외측 이어야 한다.

그림의 ①, ②, ③은 우측면도 상의 좌우 폭에서 3개의 임의 구간으로 추출선 성분 값 중 가장 큰 것이 선의 윤곽도이다.

(3) 선의 윤곽도 공차에서 교차평면

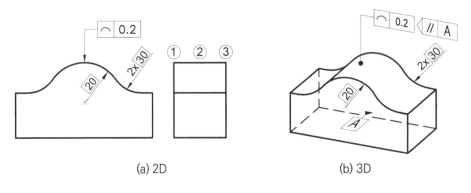

(a) 2D   (b) 3D

| 그림 3-38 | **교차평면 지시자가 함께 표시된 선의 윤곽도**

[그림 3-38(b)] 교차평면 지시자는 A데이텀에 대한 평행 교차평면의 특성에 대한 선의 윤곽도이므로 제품의 여러 표면 중 A면과 평행한 가상의 면과 윤곽도 규제면이 서로 교차해서 얻어지는 프로파일을 윤곽 추출선으로 보아 윤곽도 크기를 결정하게 된다.

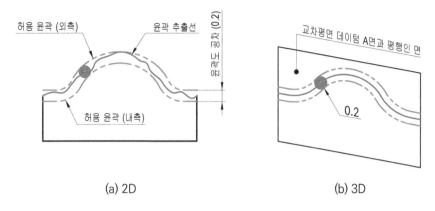

(a) 2D   (b) 3D

| 그림 3-39 | **윤곽도 단면에서 윤곽도 공차 추출**

윤곽도는 데이텀 없이 규제되었다.

3D에서 평행인 교차평면 기호에 사용된 데이텀 A는 기하공차 윤곽도 데이텀과 다른 의미이다.

여러 곡선 요소의 조합으로 된 윤곽곡선 전체 구간에서 공차가 오프셋 값으로 허용된다. 즉 전체 구간에서 윤곽도 공차 값으로 된 직경의 볼이 허용 범위 구간 경로를 통과할 수 있어야 한다.

(a)   (b)

| 그림 3-40 | **윤곽도 프로파일**

선의 윤곽도 해석

[그림 3-38]처럼 윤곽 단일 형체에 대한 윤곽도 공차는 바닥면 등의 데이텀 설정이 없이 규제되었기 때문에 [그림 3-40(a), (b)]의 경우처럼 바닥과 비교해서 표면이 기울어져 있다고 하더라도 따라 윤곽도에 영향을 미치지는 않는다.

(4) 선의 윤곽도 공차에서 온둘레 선의 윤곽도

윤곽형체와 이어진 투상도 전체 복합형체에 대한 선의 윤곽도를 규제하는 것이다.

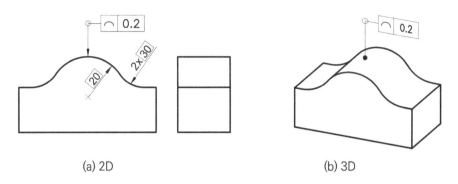

(a) 2D   (b) 3D

| 그림 3-41 | **온둘레 선의 윤곽도 지시**

[그림 3-41]은 곡면으로 된 윗면을 포함하여 전체 둘레에 걸친 선의 윤곽도이다. 온둘레임을 나타내기 위해 공차 기입틀에 연결되는 지시선이 꺾이는 지점에 속이 빈 작은 원을 사용한다.

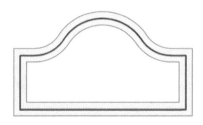

| 그림 3-42 | **온둘레 선의 윤곽도 범위**

온둘레 선의 윤곽도 해석

선의 윤곽도를 온둘레에 규제하는 것으로 전체 둘레에 적용되는 선의 윤곽도 허용 범위는
t (0.2)이다.

(5) 선의 윤곽도 공차에서 제한영역 공차 표시와 해석

복합형체에 대한 선의 윤곽도를 E에서 F까지 구간에서 허용치를 규제하는 것으로 공차 기입틀 위에 양쪽 화살표 좌우에 구간을 표시한다.

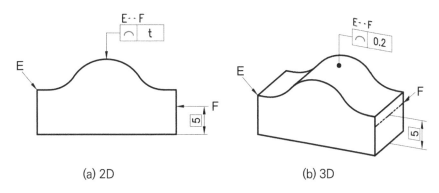

(a) 2D   (b) 3D

| 그림 3-43 | **제한된 구간에 대한 선의 윤곽도**

[그림 3-43]은 모서리 E부터 우측 F(바닥에서 5인 지점)까지의 선의윤곽도이다. 윤곽이 접하는 전체 중 E에서 F까지에 대한 윤곽도를 규제한 도면이다.

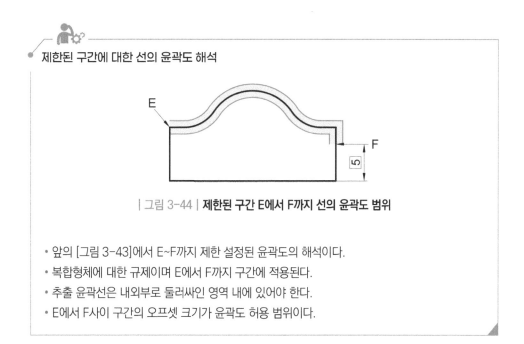

제한된 구간에 대한 선의 윤곽도 해석

| 그림 3-44 | **제한된 구간 E에서 F까지 선의 윤곽도 범위**

- 앞의 [그림 3-43]에서 E~F까지 제한 설정된 윤곽도의 해석이다.
- 복합형체에 대한 규제이며 E에서 F까지 구간에 적용된다.
- 추출 윤곽선은 내외부로 둘러싸인 영역 내에 있어야 한다.
- E에서 F사이 구간의 오프셋 크기가 윤곽도 허용 범위이다.

(6) 선의 윤곽도 공차에서 부등공차 표시와 해석

윤곽도 공차의 허용치는 일반적으로 기준 윤곽선에서 내측과 외측이 동일한 단차로 해석되는데 내측과 외측 허용치를 다르게 지정할 경우는 UZ기호를 사용한다.

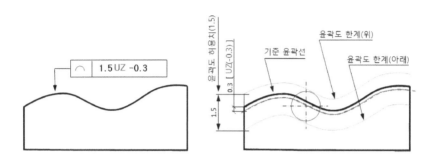

| 그림 3-45 | **부등공차 영역 선의 윤곽도 공차 표시와 해석**

[그림 3-45]의 윤곽도가 규제된 왼쪽 도면 윤곽도 1.5에 부등공차 「UZ-0.3」을 적용한 것을 해석한 오른쪽 그림은 UZ에 의해 기준윤곽이 정위치에서 −0.3 (아래쪽 0.3)을 이동하여 설정된 그림이다.

윤곽도 공차에서 UZ를 적용할 때는 윤곽도 공차값(1.5) 뒤에 한 칸 띄어서 「UZ+0.3」, 「UZ-0.3」 처럼 숫자에는 괄호 없이 +, − 부호와 함께 숫자를 쓴다. 양수일 경우도 +부호와 함께 숫자를 쓰며 종전에는 괄호( )안에 값을 표기하였으나 개정 이후에는 그림에서처럼 ( )를 사용하지 않고 표기한다(2021. 개정).

(7) 선의 윤곽도의 3차원측정기를 이용한 측정

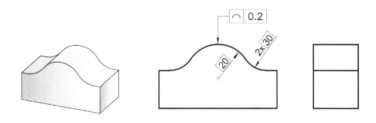

| 그림 3-46 | **선의 윤곽도 도면 표시 예**

윤곽도 측정을 위한 기준윤곽은 CAD모델에서 가져온다.

데이텀이 없이 규제되었으므로 CAD모델과 3차원측정기에 정반에 놓인 제품의 좌표계를 해제(최적화)한 후 스캔 기능을 이용해서 윤곽도를 측정 한다.

(8) 면의 윤곽도 공차(데이텀과 관련이 없는 면의 윤곽도)

윤곽면에 대한 기준은 CAD 모델 데이터로 만들어지며 평면도와 마찬가지로 나란한 두 기준 윤곽면에 규제된 윤곽면의 모든 요소가 존재할 때 두 개의 기준윤곽면 폭을 윤곽도라 한다.

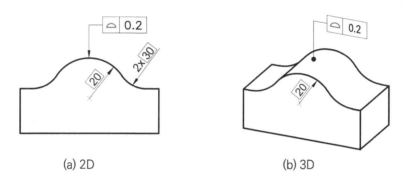

(a) 2D   (b) 3D

| 그림 3-47 | **데이텀과 관련이 없는 면의 윤곽도**

면의 윤곽도(면 전체의 윤곽도) 해석

- 윤곽 단일 형체에 대한 면의 윤곽도 공차로 데이텀 없이 규제되었다.
- 지시된 윤곽면 전체에서 내·외측 기준 윤곽선의 오프셋 간격이 윤곽도 허용치 ϕ0.2 이내이어야 한다.

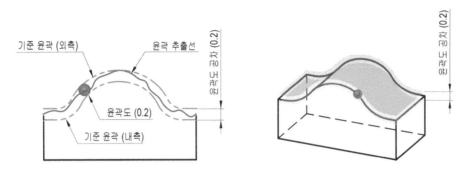

| 그림 3-48 | **면의 윤곽도 단면 해석과 전 표면 상태**

(9) 면의 윤곽도 공차를 지정 구간으로 규제

복합형체에 대한 면의 윤곽도를 E에서 F까지 구간까지 허용치를 규제하는 것으로 공차 기입틀 위에 양쪽 화살표 좌우에 문자로 구간을 표시한다.

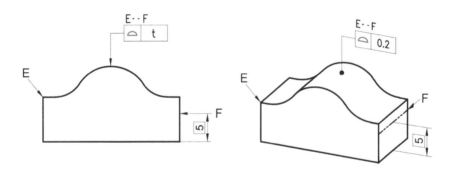

| 그림 3-49 | **구간이 지정된 면의 윤곽도**

(a)에서 규제된 윤곽도는 E부터 F까지 구간에 걸쳐 지시하였다.

(b)에서 E는 수직선과 윤곽면의 교선을 나타내고 F는 바닥면으로부터 이론적으로 정확한 5만큼 떨어진 위치를 나타내야 하므로 특정 짓는 형상이 존재하지 않으므로 2점 쇄선(가상선)으로 기준선을 사용하여 표시하였다.

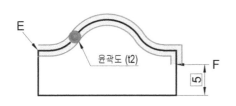
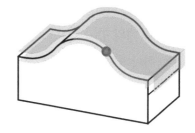

| 그림 3-50 | **구간으로 지정된 면의 윤곽도 표면**

면의 구간 윤곽도 해석

• 복합형체에 대한 규제이며 도면에서 표시된 E에서 F까지 구간에 적용 된다.
• 추출 윤곽선은 내외부로 둘러쌓인 영역 내에 있어야 한다.
• E에서 F사이 구간에 둘러 쌓인 오프셋 크기는 윤곽도 허용 범위이다.

02 자세공차

자세공차는 형상과 자세를 동시에 규제하는 것으로 평행도, 직각도, 경사도, 선의
윤곽도, 면의윤곽도가 있으며 모두 데이텀에 의해 지시된다.

치수공차와 관련되어 규제하는 경우 MMC, LMC를 적용할 수 있다.

1 평행도 공차

(1) 정의

평행도는 데이텀 평면이나 축직선에 규제형체인 평면이나 축직선과 이상적으로
평행하지 못하고 어긋나는 정도를 말한다.

평행도는 다음과 같은 경우에 규제된다.

① 두 개의 평면

② 하나의 평면과 축직선 또는 중간

③ 두 개의 축직선이나 중간면

(2) 평행도 공차의 규제

① 표면에 대한 평행도 규제

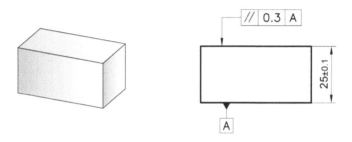

| 그림 3-51 | **데이텀과 평행도 공차 규제**

바닥면을 데이텀으로 하여 규제된 윗면은 데이텀 기준 평행한 두 평면의 폭 0.3 이내에 있어야 한다.

② 두 개의 축선에 대한 평행도 규제

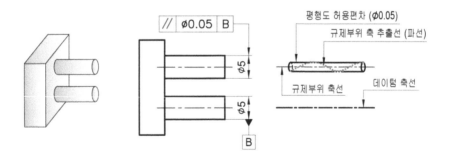

| 그림 3-52 | **두 개의 원통 축심에 대한 평행도**

[그림 3-52]는 데이텀과 규제 형상에 사용한 지시선을 치수선의 연장 지점에 연결하여 각 축선에 대한 적용이 되도록 한 도면이다. 데이텀은 아래 원통의 이상적인 측

심이며 위쪽의 규제 원통의 축심은 데이텀과 평행한 기준선으로 직경공차역 ϕ 0.05 이 최대 허용 값이다.

③ 구멍의 축선에 대한 평행도 규제

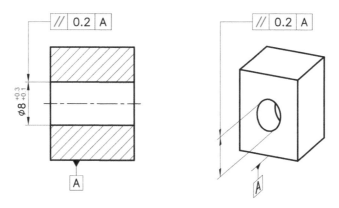

| 그림 3-53 | **제품 바닥면 데이텀과 구멍의 축선에 대한 평행도**

구멍의 축선은 데이텀 A면과 나란한 상하로 0.2 만큼의 두 기준선 사이에 있어야 한다.

(3) 평행도 공차의 자세평면 지시와 해석

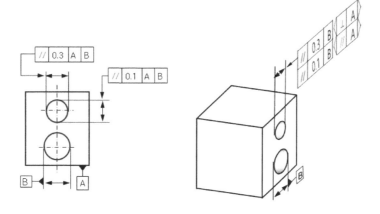

| 그림 3-54 | **두 구멍간의 평행도 공차 규제와 자세평면 지시자**

[그림 3-54]는 구멍의 축선에 대해 가로, 세로 방향의 평행도를 다르게 규제하는 도면이다.

자세평면 추가 기호에 따라 데이텀 A에 대해서 직각방향으로 0.3, 평행 방향으로 0.1을 제한하므로 공차 허용범위 구역은 0.3×0.1의 직사각형 구역이다.

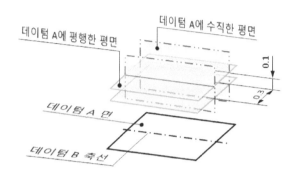

| 그림 3-55 | **데이텀에 대해 직각 방향과 평행 방향으로 구분된 평행도**

[그림 3-55]는 [그림 3-54]에서 규제한 직각의 자세평면과 평행의 자세평면에 대한 설명이다.

평행도 허용 값을 가로·세로 구분해서 규제하므로 데이텀 A에 대한 평행도 기준선(면)은 상하로 있으며(실선, 폭 0.1), 데이텀B 구멍의 축선에 대한 평행도 기준선(면)은 좌·우로 있다(2점 쇄선, 폭 0.3). 또한 규제된 구멍 축선의 평행도는 직사각형 0.3×0.1 영역 안에 있어야 한다.

(4) 평행도 공차의 3차원측정기를 이용한 측정 방법

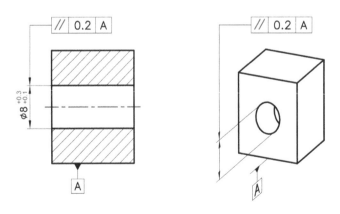

| 그림 3-56 | **제품 바닥면 데이텀과 구멍의 축선에 대한 평행도**

- 데이텀 A면을 측정한 후 규제된 구멍형체를 원통요소로 측정하여 평행도 측정이 가능하다.
- 측정 시 3차원측정기의 정반면과 접촉하는 제품 바닥면을 어디로 둘 것인가에 따라 방법의 차이가 있으나 구멍을 포함한 면을 바닥면으로 측정하는 방법이 좋다.
- **측정 방법** : 부록 「08. 평행도 공차의 3차원 측정기를 이용한 측정」 참조

2 직각도 공차

(1) 정의

직각도는 데이텀으로 설정된 축선이나 평면과 직각이어야 하는 대상면의 축선이나 평면이 90°의 완전한 기준에서 벗어난 크기이다.

90°의 기준에서 벗어난 값은 평면 사이의 폭으로 나타낸다.

대상이 되는 면에 적용되는 기준 평면은 이상적인 면으로 진직도와 평면도가 동시에 포함 된다.

직각도 공차는 폭 공차역이나 지름 공차역으로 표현 된다.

(2) 직각도 지시 도면

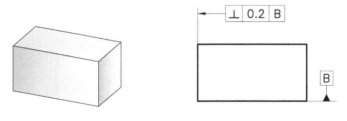

| 그림 3-57 | **데이텀과 직각도 공차 규제**

규제된 수직면은 데이텀 B와 90°의 완전한 직각을 이루는데 0.2의 폭 범위 내에 있어야 한다.

[그림 3-58]은 직각도 공차가 폭으로 규제된 경우와 직경 공차역으로 규제된 경우의 도면으로

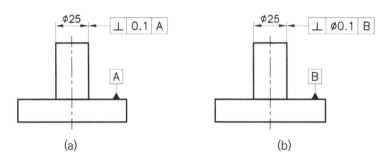

| 그림 3-58 | **직각도가 폭과 직경 공차역으로 각각 규제된 경우**

(a)는 축심에 폭으로 규제되었고 (b)는 축심에 직경 공차역으로 규제된 도면이다.

(a)는 규제요소 $\phi25$ 축심이 데이텀 A면과 90°에서 0.1 만큼 떨어진 폭의 범위를 허용한다.

(b)는 규제요소 축심이 데이텀 B면과 90°로 지정된 위치에서 $\phi0.1$ 범위에 있어야 한다.

(3) 직각도 공차의 3D 도면에 자세평면 지시자 적용

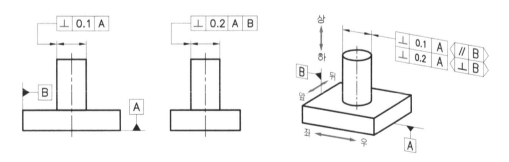

| 그림 3-59 | **직각도와 자세평면 지시자**

[그림 3-59]는 평행한 자세평면과 직각인 자세평면에 의해 직각도가 규제된 것으로 원통 규제부위 중간면은 데이텀 A 바닥면 긴쪽 방향에서 90°로 데이텀 B와 평행하게 기하학적 중간 평면이 0.1만큼 떨어진 범위에 있어야 하고 원통은 데이텀 A 바닥면에 수직하되 B데이텀과 앞뒤 방향으로0.2만큼 떨어진 범위에 있을 것을 규제한다.

직각도에 적용한 자세평면 해석

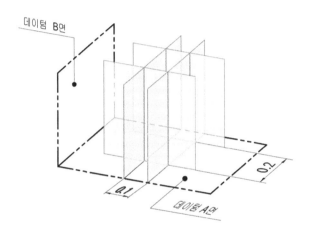

| 그림 3-60 | **데이텀에 대해 평행 방향과 직각 방향로 구분된 직각도**

- B요소 직사각형 평면에서 상하방향(그림 3-59, 우측)으로 된 선을 추출하여 상하방향(기준선)의 좌우폭 0.1 이내에 원통 축선이 존재하는 것을 말한다.
  즉, 데이텀 A(바닥면) 긴쪽인 좌우 방향으로 0.1 떨어진 폭이다
- 데이텀 B와 규제부위의 직각자세는 데이텀 B면 직사각형 평면 중 앞뒤 화살표 방향을 기준으로 해서 허용치 0.2를 잡는다.
  이를 연동해서 해석하면 해석 그림의 사각형 영역 0.1×0.2의 범위에 축선이 존재하는 것을 허용한다.

(4) 직각도 공차의 3차원측정기를 이용한 측정 방법

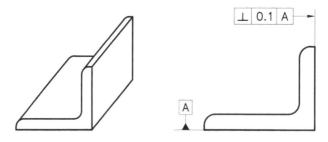

| 그림 3-61 | **바닥면을 데이텀으로 하는 측면의 직각도**

- 수직한 측면의 직각도를 측정할 때 측정요소는 평면이며 평면을 측정 시 최소 3점, 권장 4점이므로, 바닥면으로부터 수직한 두 개의 기준평면을 측정 시스템에서 설정되도록 하려면 최소 6점, 추천 8점 이상의 다수의 측정점으로 규제면 전체에 걸쳐 측정해야 한다.
- **측정 방법** : 부록 「09. 직각도 공차의 3차원 측정기를 이용한 측정」 참조

---

3 **경사도 공차**

(1) 정의

경사도는 데이텀 면에서 90˚를 제외한 임의의 각도를 갖는 표면이나 형체의 중심이 설정된 각도 기준 두 기하학적 평면의 허용공차 폭 내에 규제면이 있도록 하는 것이다.

경사도 공차는 폭 공차역이다.

경사도는 데이텀에 대해 이론적으로 정확한 임의 각도에 의해 규제된다.

경사도 공차는 임의 경사면이 각도로 공차를 지정하는 불합리한 것을 해결한다.

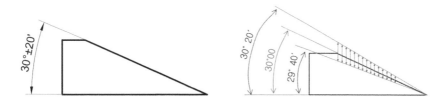

| 그림 3-62 | **각도 방식의 정밀도 규제 시 각도 공차 허용 범위**

[그림 3-62]는 각도가 있는 경사면의 정밀도를 경사도가 아닌 각도치수 공차로 규제한 경우의 도면으로 만일 제품의 경사면 정밀도를 각도 공차 방식으로 규제하면 기준점에서 멀어질수록 허용범위가 부채꼴 모양으로 커지게 되므로 이런 공차 정밀도는 불합리할 뿐 아니라 측정 후 허용범위 값으로 판정하기도 곤란해지므로 적용이 어렵다. 기하공차의 경사도 공차는 이런 문제점과는 무관한 규제 방식이다.

(2) 경사도 공차 지시 도면

기하공차 경사도 방식의 규제 도면 [그림 3-63]과 해석도면 [그림 3-64]에서처럼 규제면이 일정한 폭으로 허용된다.

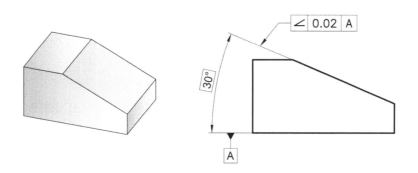

| 그림 3-63 | **경사면의 경사도 규제**

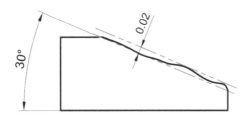

| 그림 3-64 | **경사도 공차 허용 기준면의 설정**

경사도 규제면은 데이텀 A 평면에서 이론적으로 정확한 30° 각도에서 0.02 만큼 떨어진 기하학적인 기준평면 내에 있어야 한다.

이때 경사도 허용치는 경사면에 수직한 방향으로 판단해야 한다.

(3) 기준평면과 축선의 경사도 공차

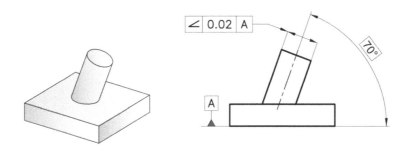

| 그림 3-65 | **원통의 축심에 경사도를 규제**

경사도 규제 형체 원통의 축선은 데이텀 A 평면에서 이론적으로 정확한 70°를 이루고 있는 나란하게 0.02 떨어진 두 기하학적인 평면 사이에 있어야 하나 축심에 대해서 규제된 경우이므로 두 기하학적인 기준 요소는 직선이다.

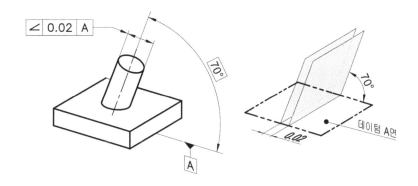

| 그림 3-66 | **데이텀에 대해 70˚ 각도로 이루어진 두 경사도 기준면**

경사도 기준면 사이의 두 개의 직선거리가 0.02이다.

(4) 경사도 공차의 3차원측정기를 이용한 측정 방법

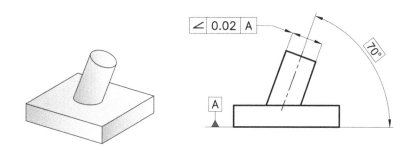

| 그림 3-67 | **바닥면 데이텀과 경사진 원통의 축선에 대한 경사도**

• 데이텀 평면 측정 후 원통을 원통요소로 측정하여 경사도를 선택해서 결과를 확
  인하면 된다. 경사진 원통은 측정시 프로브헤드로 인한 측정시 공간이 제약되므
  로 이를 감안하거나, 원통을 측정기 테이블의 수직한 방향으로 고정한 후 데이텀
  평면부터 측정하면 공간이 협소하여 측정 시 발생되는 문제점이 해소될 수 있다.
• 측정 원리
- 측정좌표계에서 사용되는 공간정렬은 데이텀 A와 같은 정반면이다
- 도면의 경사도 규제는 직경공차역이 아닌 폭공차역인데 원통규제 요소를 측정하
  면 기본적으로 원통 축선의 직경공차역 기울기 값이 나타나므로 도면처럼 폭공

차역을 찾기 위한 추가 과정이 필요하다.

- 원통요소 측정 후 직선형상으로 변환한다. 변환 시 기준(계산방향)면은xz(데이텀면 x축과 이에 수직한 z축)를 작업평면으로 설정하여 변환

- 투영 결과는 경사도 70° 기준각 직선과 규제 원통요소 축심을 비교, 가장 큰 편차 폭 값이 나타난다. 일반적으로 가장 큰 편차가 나타나는 지점은 측정한 구간(맨 아래부터 맨 위)에서 어느 한쪽의 끝에서 나타난다. 그 이유는 크기가 매우 길지 않은 대부분의 축은 중간에 휘어지기 보다 조립 고정시 기울어질 확률이 크기 때문이다.

• **측정 방법** : 부록 「10. 경사도 공차의 3차원 측정기를 이용한 측정」 참조

03 위치공차

위치 관련 공차는 형상과 자세와 위치를 동시에 규제하는 것으로 위치도, 동심(동축)도, 대칭도, 선의 윤곽도, 면의 윤곽도가 있으며 모두 데이텀에 의해 지시된다.

치수공차와 관련되어 규제하는 경우 MMC, LMC를 적용할 수 있다.

위치도를 규제하고 있는 이론적으로 정확한 축이나 구멍 관계 두 형체에 상호 적용할 경우 데이텀 기호는 필요 없으나 엄밀하게 상호 형체간의 데이텀 적용이라 할 수 있다.

1 위치도 공차

(1) 정의

기준위치로 부터 정확한 위치에 있어야 할 형체의 점(중심점), 선(축선), 평면(중간평면) 등이 벗어난 크기를 말한다.

위치도는 복합공차로써 규제형체의 형상에 따라 진직도 · 평행도 · 진원도 · 직각도 · 동심도 등이 암시되어 규제될 수 있으며, 대부분의 부품은 위치를 갖는 형체이므로 기하학적 특성 중 가장 다양하고 널리 사용되고 있다.

(2) 위치도 공차 적용의 장점

동일한 치수 공차 허용 범위의 직각좌표 공차방식보다 공차 여력이 약 57% 증가하여 가공이 용이하다.

치수관련 형체에 적용 시 MMC, LMC적용이 가능해 허용 기하공차를 도면 규제값보다 크게 해석이 가능하다.

MMC, LMC적용과 동시에 상호요구사항(RPR) 적용이 가능해 Ⓜ Ⓡ, Ⓛ Ⓡ 적용시 도면에 지시된 치수공차 허용범위 보다 크게 해석이 가능하다.

최대 제작공차를 이용할 수 있어 효율적 경제적 생산이 가능하다.

결합부품 상호간에 호환성과 결합을 보증하며, 생산성 향상과 원가절감에 도움이 된다.

직각좌표 치수공차방식보다 이론적으로 정확한 거리에 따른 공차를 적용하므로 공차누적이 발생되지 않는다.

(3) 위치도 공차의 공차역

규제된 형체가 원통 등 원형 형상일 경우에는 중심(축선)의 위치는 직경 공차역으로 허용 공차 수치 앞에 ϕ를 붙인다.

규제된 형체가 비원형 형상(평면, 슬롯 등)일 경우에는 중간면에 대한 폭 공차이다.

(4) 직각좌표 치수공차 방식과 위치도 공차의 비교

① 직각좌표 공차방식으로 규제된 구멍의 위치

ㄱ 직각좌표 공차방식에 의한 직렬식

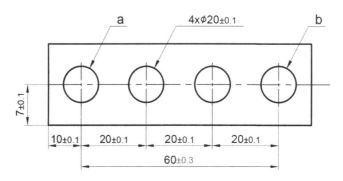

| 그림 3-68 | **공차누적이 발생되는 직각좌표 치수 공차**

4개의 구멍의 중심간 상호 거리가 각각 20±0.1로 규제된 경우

- a와 b의 사이의 거리는 상한치수(20.1)로 되었을 경우에는 60.3
- 하한치수(19.9)로 되었을 경우에는 59.7이다
- 공차누적에 의한 구멍간 거리가 심하게 차이날 수 있다.

ㄴ 직각좌표 공차방식에 의한 기준면식

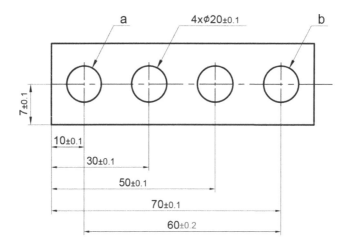

| 그림 3-69 | **기준면 치수공차 기입과 두 구멍 간 공차 관계 별도 기입**

ⓛ 직각좌표 공차방식에 의한 기준면식

기준면에 대한 형체에 치수기입 후 상호 관계로 발생되는 공차 크기를 a, b 구멍 간에 별도로 치수기입 한 경우로 두 구멍 사이에 존재하는 형체 수와는 무관하지만 두 구멍간의 공차는 단일 공차에 비해 크게 결정된다.

  좌측면을 기준으로 4개의 구멍에 위치 치수공차를 지시한 경우
  • a와 b 구멍 사이의 거리는 60±0.2로 될 수 있다.
  • 공차누적은 구멍의 수와 무관 없이 동일하게 발생

ⓒ 직각좌표 공차방식에 의한 직접 규제값을 각각 지시한 경우

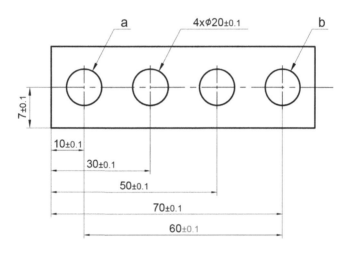

| 그림 3-70 | **기준면 치수공차 기입과 두 구멍 간 공차 임의 별도 기입**

기준면에 대한 형체에 치수기입 후 상호 관계로 발생되는 공차 크기와 무관하게 a, b 구멍 간에만 별도로 치수기입 한 경우로 두 구멍 간에는 공차 누적 없이 가능하지만 모든 요소에 치수 기입을 이렇게 처리하는 것은 불가능하다.

두 구멍간의 치수공차를 별도로 표시하는 경우
  • a와 b의 구멍 간 치수공차를 추가로 직접 지시하면 누적공차는 발생하지

않을 수 있다

- 모든 형체를 별도 치수공차 기입하는 것은 치수기입 원칙에 어긋난다

㉣ 이론적으로 정확한 치수에 의한 위치도 공차방식

각 구멍의 위치를 이론적으로 정확한 치수로 표시하고 4개의 구멍에 위치도 공차로 규제한 경우 공차누적이 발생하지 않는다.

모든 형체 간에는 이론적으로 정확한 기준치수가 적용된다.

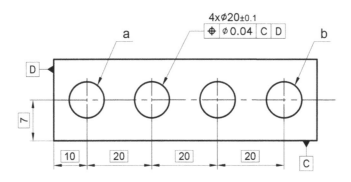

| 그림 3-71 | **이론적으로 정확한 치수 적용한 위치도 공차 방식**

개별 형체의 위치는 위치도 공차가 적용되므로 형체 상호간에는 공차누적이 발생되지 않는다.

(5) 직각좌표 치수공차 방식과 기하공차 위치도 방식의 공차 비교

① 직각좌표 공차방식의 공차값 범위

직각좌표 방식에 의한 기준면식 ±0.05 치수공차의 경우 구멍중심의 허용 범위는 가로와 세로 0.10 크기로 된 4각형 크기가 된다.

이때 구멍중심의 최대허용치는 4각형의 대각선 방향으로 0.14가 된다.

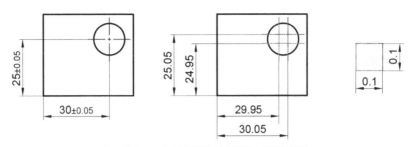

| 그림 3-72 | **직각좌표 치수공차 표시와 영역**

이것은 구멍중심에서 0.07되는 중심점의 경우 대각선의 4모서리 방향으로 구멍중심이 있으면 허용공차 범위 내에 있으나, 모서리 부분을 제외한 나머지 방향으로 구멍중심이 있으면 공차를 벗어나게 된다.

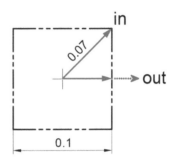

| 그림 3-73 | **직각좌표 공차 영역의 대각선 방향과 수평방향 비교**

따라서 구멍중심에서 같은 거리에 존재하는 구멍중심은 어떤 것은 공차 범위 내에 있고 (4각형 모서리 방향) 또 어떤 것(4곳의 모서리를 제외한 지점)은 공차를 벗어나게 되는 문제점이 있다.

그러므로 실제 구멍중심이 같은 거리에 있을 때 전부 공차 허용범위 내에 있을 수 있도록 하려면 직각좌표방식보다 위치도의 직경 공차역으로 해야 한다.

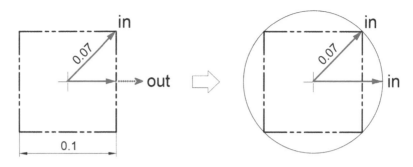

| 그림 3-74 | **직각좌표 공차 영역과 위치도 직경공차역 비교**

(6) 직각좌표 공차의 위치도 공차 변환

① 직각좌표의 위치도 변환 방법

　○ 직각좌표치수공차 ±0.10를 위치도로 변환하기(위치도 ϕ x.xx)

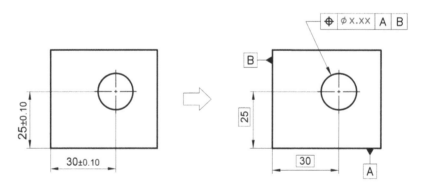

| 그림 3-75 | **직각좌표 공차의 위치도 변환 상태**

- 직각좌표의 ±0.1의 사각형 공차 영역은 0.2의 정사각형이다.

- 0.2로 된 정사각형 도형에 외접원 직경 크기는 직경공차역의 위치도 이다.

- 0.2로 된 정사각형의 외접원 직경은 피타고라스 정리를 이용해 구한다.

$$\phi t = 2(0.1 \times \sqrt{2}) \fallingdotseq \phi 0.28(= \phi x.xx)$$

(7) 위치도 공차 지시

① 좌표에 의한 위치도 공차 지시

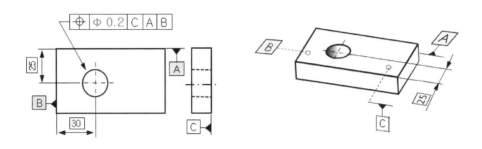

| 그림 3-76 | **2D와 3D에 나타낸 위치도**

[그림 3-76]의 3D에서 데이텀 B의 지시선은 파선으로 투상도에서 윗면에 가려진 좌측 측면이고 데이텀 C도 마찬가지로 파선으로 지시선을 사용한 것이므로 바닥면을 가리키고 있다.

[그림 3-77]의 구멍의 위치는 좌측 아래 기준점에서 x방향 30, y방향 25 떨어진 이론적으로 정확한 위치를 기준으로 직경공차역으로 규제하고 있다.

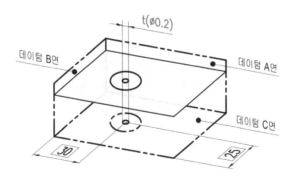

| 그림 3-77 | **데이텀에 의한 위치도 추출**

규제 구멍의 중심 축선의 위치는 바닥면 데이텀 C에서 수직방향으로 데이텀 A에서 이론적으로 정확한 25인 지점, 데이텀 B에서 이론적으로 정확한 30 떨어진 지점 좌표 위치에서 ϕ 0.2 크기 이내에 있어야 한다.

② 규제 형체간 거리 지정에 의한 위치도 지시

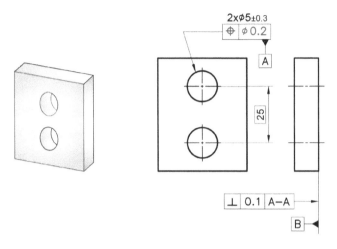

| 그림 3-78 | **형체간의 거리 지정에 의한 두 구멍의 위치도**

[그림 3-78]에서 공통데이텀 A-A는 ∅5로 된 두 구멍의 축선에 의한 것이다. 데이텀에 대한 기준 위치를 설정한 위치도가 아닌 위치도 규제 형체(∅5 두 개의 구멍)간 거리를 지정하여 위치도를 규제한 것으로 구멍의 축직선은 정해진 지점에서 두 구멍간 거리가 이론적으로 정확한 25일때 위치도 허용치는 최대 ∅ 0.2를 허용한다.

직각도를 규제하는 공통데이텀 (A-A)는 두 관통구멍 축직선과 위아래 바닥면으로 연결된 가상 평면을 말한다.

데이텀 B(바닥 평면)와 두 구멍의 축직선은 가로와 세로 방향 모두 직각도 0.1 범위를 허용한다.

③ 평면에 규제된 위치도

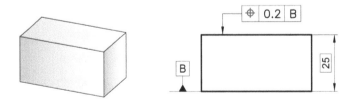

| 그림 3-79 | **평면의 표면에 규제된 위치도**

경사면이나 표면에도 위치도를 규제하는 것이 가능하며 도면에서는 데이텀 면에서 이론적으로 정확한 치수를 기준으로 표면에 위치도를 지시하였다.

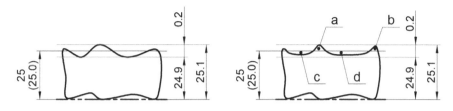

| 그림 3-80 | **프로파일에서 치수 공차와 위치도**

위치도는 바닥면 데이텀 B에서 규제면 까지 이론적으로 정확한 25만큼 떨어져 있어야 할 것을 허용하는 범위를 0.2로 제한한 것이다.

평면도를 데이텀으로 제한하는 것과 유사한 개념이라 할 수 있으며 평행도와도 유사하다. 단지 평행도는 이론적으로 정확한 값에 의해 규제되기 보다 치수 공차 구간에서 공차가 결정되고 위치도는 이론적으로 정확해야 되는 지점에서 공차가 결정된다.

바닥면 데이텀은 측정에 의해 기준선이 결정되는 것이 아니다.

바닥의 가장 아래 면(직선)이 데이텀 선이 된다.

규제된 윗면은 데이텀으로 부터 25.0의 기준선에서 0.2의 폭 이내에 있으면 된다(KS 1101).

[그림 3-80(a), (b)]는 위치도 0.2를 설명하고 있는 도면으로

그림 (a)는 규제면의 위치도 추출 범위 0.2가 최소허용치수와 최대허용치수 범위로 존재하는 경우로 단순한 이상적인 추출 상태이다.

그림 (b)는 이론적으로 정확한 25를 기준으로 윤곽선의 위쪽과 아래쪽의 치수공차 범위가 같지 않은 경우이다.

위치도 공차 폭은 전체 0.2로 기준선 아래와 위로 각각 0.1이다.

만일 그림 (b)에서 기준선 위쪽 a, b 영역과 아래쪽 c, d 영역 합이 같으면 24.9는 외형선에 접하지 않는다.

④ 축 형체 위치도 공차 허용치 계산하기

㉠ 축 형체 규제 위치도 허용치

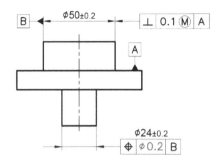

| 그림 3-81 | **축 형체 위치도**

위치도 $\phi 0.2$가 공차규제조건 Ⓜ, Ⓛ과 무관하게 규제된 경우이다. 이때 규제 치수는 LMS ~MMS까지 허용 가능한 것이며 위치도는 치수와 무관하게 항상 $\phi 0.2$가 허용 범위이다

| 표 3-1 | **규제부위 치수 변화에 따른 위치도 허용치 계산**

형상치수 특성	규제부위 치수	데이텀 치수	위치도 허용치	실효치수 (VS)
MMS	$\phi 24.2$	$\phi 50.2$	$\phi 0.2$	$\phi 24.4$
임의치수	$\phi 24.1$	$\phi 50.1$	$\phi 0.2$	$\phi 24.4$
	$\phi 24.0$	$\phi 50.0$	$\phi 0.2$	$\phi 24.4$
	$\phi 23.9$	$\phi 49.9$	$\phi 0.2$	$\phi 24.4$
LMS	$\phi 23.8$	$\phi 49.8$	$\phi 0.2$	$\phi 24.4$

• 축 형체의 실효치수(VS)는 축의 MMS와 기하공차의 합이다.

Ⓛ 축 형체 MMC 규제 위치도 허용치

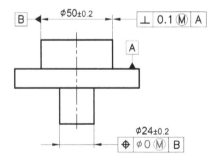

| 그림 3-82 | **축 형체 MMC 적용 위치도**

| 표 3-2 | 규제부위 치수 변화에 따른 위치도 허용치 계산

형상치수 특성	규제부위 치수	데이텀 치수	위치도 허용치	최대실체실효치수 (MMVS)
MMS	ϕ24.2	ϕ50.2	ϕ0	ϕ24.2
임의치수	ϕ24.1	ϕ50.1	ϕ0.1	ϕ24.2
	ϕ24.0	ϕ50.0	ϕ0.2	ϕ24.2
	ϕ23.9	ϕ49.9	ϕ0.3	ϕ24.2
LMS	ϕ23.8	ϕ49.8	ϕ0.4	ϕ24.2

위치도 ϕ0은 MMC 조건이므로 항상 허용치가 0이 아니고 MMS에서 변화된 값만큼 위치도 허용치는 커지게 된다.

⑤ 축 형체 MMC, LMC 허용치 계산하기

㉠ 축 형체 MMC 규제 위치도

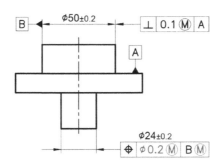

| 그림 3-83 | 축 형체 규제형체와 데이텀 MMC 적용 위치도

| 표 3-3 | 축 형체 MMC적용 결과 위치도 허용치 계산

형상치수 특성	규제부위 치수	데이텀 치수	위치도 허용치	최대실체실효치수 (MMVS)
MMS	ϕ24.2	ϕ50.2	ϕ0.2	ϕ24.2
임의치수	ϕ24.1	ϕ50.1	ϕ0.4	ϕ24.2
	ϕ24.0	ϕ50.0	ϕ0.6	ϕ24.2
	ϕ23.9	ϕ49.9	ϕ0.8	ϕ24.2
LMS	ϕ23.8	ϕ49.8	ϕ1.0	ϕ24.2

• 축 형체의 최대실체실효치수(MMS)는 「최대실체치수 + 기하공차」이다.

ⓛ 축 형체 LMC 규제 위치도

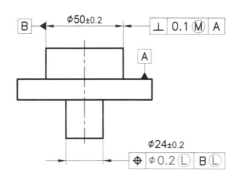

| 그림 3-84 | **축 형체 규제형체와 데이텀 LMC 적용 위치도**

| 표 3-4 | **축 형체 LMC적용 결과 위치도 허용치 계산**

형상치수 특성	규제부위 치수	데이텀 치수	위치도 허용치	최소실체실효치수 (LMVS)
MMS	ϕ24.2	ϕ50.2	ϕ1.0	ϕ23.6
임의치수	ϕ24.1	ϕ50.1	ϕ0.8	ϕ23.6
	ϕ24.0	ϕ50.0	ϕ0.6	ϕ23.6
	ϕ23.9	ϕ49.9	ϕ0.4	ϕ23.6
LMS	ϕ23.8	ϕ49.8	ϕ0.2	ϕ23.6

• 축 형체의 최소실체치수(LMVS)는 「최소실체치수 – 기하공차」 이다.

⑥ 구멍 형체 MMC, LMC 허용치 계산하기

○ 구멍 형체 MMC 규제 위치도

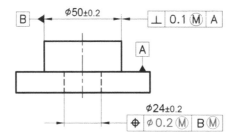

| 그림 3-85 | **구멍 형체에 규제형체와 데이텀 MMC 적용 위치도**

| 표 3-5 | **구멍 형체 MMC 적용 결과 위치도 허용치 계산**

형상치수 특성	규제부위 치수	데이텀 치수	위치도 허용치	최대실체실효치수 (MMVS)
MMS	ϕ23.8	ϕ50.2	ϕ0.2	ϕ23.6
임의치수	ϕ23.9	ϕ50.1	ϕ0.4	ϕ23.6
	ϕ24.0	ϕ50.0	ϕ0.6	ϕ23.6
	ϕ24.1	ϕ49.9	ϕ0.8	ϕ23.6
LMS	ϕ24.2	ϕ49.8	ϕ1.0	ϕ23.6

• 구멍 형체의 최대실체실효치수(MMVS)는 「최대실체치수 – 기하공차」이다.

ⓒ 구멍 형체 LMC 규제 위치도

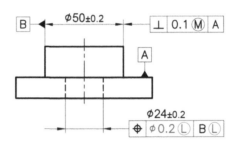

| 그림 3-86 | **구멍 형체에 규제형체와 데이텀 LMC 적용 위치도**

| 표 3-6 | **구멍 형체에 LMC 적용 결과 위치도 허용치 계산**

형상치수 특성	규제부위 치수	데이텀 치수	위치도 허용치	최소실체실효치수 (LMVS)
MMS	ϕ23.8	ϕ50.2	ϕ1.0	ϕ24.4
임의치수	ϕ23.9	ϕ50.1	ϕ0.8	ϕ24.4
	ϕ24.0	ϕ50.0	ϕ0.6	ϕ24.4
	ϕ24.1	ϕ49.9	ϕ0.4	ϕ24.4
LMS	ϕ24.2	ϕ49.8	ϕ0.2	ϕ24.4

• 구멍 형체의 최소실체실효치수(LMVS)는 「최소실체치수 + 기하공차」이다.

⑦ 축 형체 MMC, LMC의 상호요구사항 허용치 계산하기

㉠ 축 형체 MMC와 상호요구사항(RPR) 규제 위치도

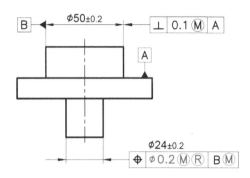

| 그림 3-87 | 축 형체 MMC규제에 상호요구사항 적용 위치도

| 표 3-7 | 축 형체에 MMC, RPR 적용 결과 위치도 허용치 계산

형상치수 특성	규제부위 (축)치수	데이텀 치수	위치도 허용치	최대실체실효치수 (MMVS)
MMVS	ϕ24.4	–	0	ϕ24.4
–	ϕ24.3	–	ϕ0.1	ϕ24.4
MMS	ϕ24.2	ϕ50.2	ϕ0.2	ϕ24.4
임의치수	ϕ24.1	ϕ50.1	ϕ0.4	ϕ24.4
	ϕ24.0	ϕ50.0	ϕ0.6	ϕ24.4
	ϕ23.9	ϕ49.9	ϕ0.8	ϕ24.4
LMS	ϕ23.8	ϕ49.8	ϕ1.0	ϕ24.4

• 축 형체의 최대실체실효치수(MMVS)는 「최대실체치수 + 기하공차」이다.

ⓛ 축 형체 LMC와 상호요구사항(RPR) 규제 위치도

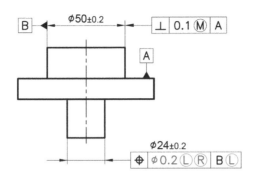

| 그림 3-88 | **축 형체 LMC규제에 상호요구사항 적용 위치도**

| 표 3-8 | **축 형체에 LMC, RPR 적용 결과 위치도 허용치 계산**

형상치수 특성	규제부위 (축)치수	데이텀 치수	위치도 허용치	최소실체실효치수 (LMVS)
MMS	$\phi 24.2$	$\phi 50.2$	$\phi 0.6$	$\phi 23.6$
임의치수	$\phi 24.1$	$\phi 50.1$	$\phi 0.5$	$\phi 23.6$
	$\phi 24.0$	$\phi 50.0$	$\phi 0.4$	$\phi 23.6$
	$\phi 23.9$	$\phi 49.9$	$\phi 0.3$	$\phi 23.6$
LMS	$\phi 23.8$	$\phi 49.8$	$\phi 0.2$	$\phi 23.6$
–	$\phi 23.7$	–	$\phi 0.1$	$\phi 23.6$
LMVS	$\phi 23.6$	–	0	$\phi 23.6$

• 축 형체의 최소실체실효치수(LMVS)는 「최소실체치수 – 기하공차」이다.

⑧ 구멍 형체 MMC, LMC의 상호요구사항 허용치 계산하기

㉠ 구멍 형체 MMC와 상호요구사항(RPR) 규제 위치도

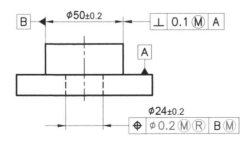

| 그림 3-89 | **구멍 형체 MMC규제에 상호요구사항 적용 위치도**

| 표 3-9 | **구멍 형체에 MMC, RPR 적용 결과 위치도 허용치 계산**

형상치수 특성	규제부위 (구멍)치수	데이텀 치수	위치도 허용치	최대실체실효치수 (MMVS)
MMVS	ϕ23.6	–	ϕ0	ϕ23.6
–	ϕ23.7	–	ϕ0.1	ϕ23.6
MMS	ϕ23.8	ϕ50.2	ϕ0.2	ϕ23.6
임의치수	ϕ23.9	ϕ50.1	ϕ0.4	ϕ23.6
	ϕ24.0	ϕ50.0	ϕ0.6	ϕ23.6
	ϕ24.1	ϕ49.9	ϕ0.8	ϕ23.6
LMS	ϕ24.2	ϕ49.8	ϕ1.0	ϕ23.6

• 구멍 형체의 최대실체실효치수(MMVS)는 「최대실체치수 − 기하공차」이다.

ⓛ 구멍 형체 LMC와 상호요구사항(RPR) 규제 위치도

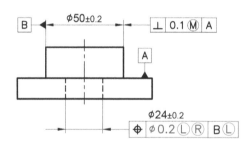

| 그림 3-90 | **구멍 형체 LMC규제에 상호요구사항 적용 위치도**

| 표 3-10 | **구멍 형체에 LMC, RPR 적용 결과 위치도 허용치 계산**

형상치수 특성	규제부위 (구멍)치수	데이텀 치수	위치도 허용치	최소실체실효치수 (LMVS)
MMS	ϕ24.2	ϕ50.2	ϕ0.6	ϕ23.6
임의치수	ϕ24.1	ϕ50.1	ϕ0.5	ϕ23.6
	ϕ24.0	ϕ50.0	ϕ0.4	ϕ23.6
	ϕ23.9	ϕ49.9	ϕ0.3	ϕ23.6
LMS	ϕ23.8	ϕ49.8	ϕ0.2	ϕ23.6
–	ϕ23.7	–	ϕ0.1	ϕ23.6
–	ϕ23.6	–	0	ϕ23.6

• 구멍 형체의 최소실체실효치수(LMVS)는 「최소실체치수 + 기하공차」이다.

⑨ 요소 측정값으로 위치도 공차 계산 및 조건 판정하기

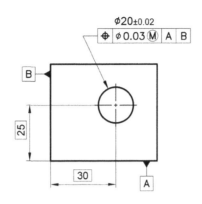

| 그림 3-91 | **이론적으로 정확한 지점의 위치도**

1) 구멍 중심까지의 측정 거리가 데이텀에서
   x 방향으로 29.98, y 방향으로 25.01이었다면 제품의 위치도 측정치는?
   구멍의 기준좌표점으로 부터 떨어진 거리(ℓ)?
   • 기준위치로부터 x방향 떨어진 거리 : 0.02(=| 30-29.98 |)
   • 기준위치로부터 y방향 떨어진 거리 : 0.01(=| 25-25.01 |)

   $$\ell = \sqrt{0.02^2 + 0.01^2} = 0.02236$$

   • 떨어진 거리(ℓ)를 위치도로 계산하면?
   위치도(ϕ)값 = ϕ 2×0.02236
   　　　　　　 = ϕ 0.04472

2) 이 조건에서 구멍의 크기가
   • ϕ 20.01이라면 허용되는 최대 위치도는?
   　　MMC 조건이므로 구멍의 MMS(19.98)와 제시한

   　　직경(20.01)과의 변화량(0.03)을 합산

   • 위치도 (허용치) 계산

   　　$\phi0.06(= 0.03 + (20.01-19.98))$

3) 위의 1), 2) 상태에서 제품의 합부 판정 결과는?
   • 허용치(구멍 조건에서 계산) ≥ 측정치(위치 측정결과에서 계산)일 경우 합격
   • 판정 : 합격(허용치 ϕ 0.06 > 측정치 ϕ 0.04472 이므로)

⑩ 요소 측정값으로 좌표 계산, 위치도 계산 및 판정하기

　ㄱ 구멍의 치수가 설계요구조건을 충족하는지 판정

　ㄴ 구멍의 위치도 공차 측정치의 합격여부 판정

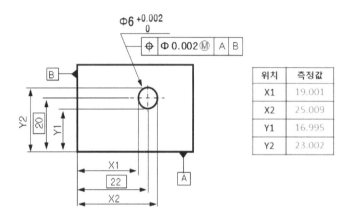

위치	측정값
X1	19.001
X2	25.009
Y1	16.995
Y2	23.002

| 그림 3-92 | **구멍 형체 직경과 위치 측정 결과**

구멍의 직경은 측정값 중 가장 큰 치수로 함

1) 설계요구조건 : 도면의 치수상태와 측정결과 비교
　• x방향 직경 : 6.008(=25.009-19.001)
　• y방향 직경 : 6.007(=23.002-16.995)
　(도면에서 주어진 구멍 최대허용치수 : 6.002)

2) 구멍 기준위치로 부터 측정구멍의 중심점까지 반경상의 거리(r)
　• $rx = (19.001 + 25.009) \div 2 = 22.005$
　• $ry = (16.995 + 23.002) \div 2 = 19.9985$
　• $r = \sqrt{(22.005 - 22)^2 + (20 - 19.9985)^2} ≒ 0.0054$

3) x방향 직경 6.008일 때 위치도 허용치(x, y 방향 직경 중 큰 직경 취함)
　• $\phi 0.010 (= \phi 0.002 + \phi 0.008)$

4) 위치도 측정치
　• 위치도(t) = $\phi 2r$
　　　　　 = $\phi 2 \times 0.005 = \phi 0.010$

(또는 $\phi 2 \times 0.0054 = \phi 0.0108 ≒ \phi 0.011$이 되나 채점 문제의 경우는 문제에서 소수점 자리수 처리 기준이 제시되므로 제시 기준대로 소수점 처리하면 됨)

(위치도 허용치는 구멍의 직경이 가장 작은 $\phi 6.000$일 때 $\phi 0.002$이다)

5) 판정
- 설계 조건 : 불합격(x, y 방향 직경이 도면 최대허용치수 보다 큼)
- 위치도 : 불합격(위치도 허용치 < 측정치 이므로)

(8) 위치도 공차의 3차원측정기를 이용한 측정

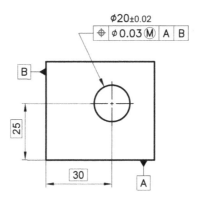

| 그림 3-93 | **데이텀에 의한 위치도**

- 데이텀 A면을 평면 측정 후 공간정렬, 데이텀 B면을 직선요소 측정 후 평면회전하여 x, y 원점을 설정하여 측정 좌표계를 완성한다.
- z좌표 원점 지정은 반드시 필요한 것은 아니며 필요시 넓은 평면 요소를 점 측정하여 지정하면 된다.
- 위치도는 원 요소 아이콘을 지정한 후 $\phi 20$ 원을 z 좌표가 동일한 값에서 내측 원주상을 점 측정하여 원 측정 결과 창에서 기하공차 위치도를 지정한다.
- 위치도 창에서 기준값과 파라미터인 Ⓜ조건, 기준치수 등을 입력하여 합격여부 결과를 판단한다.
- 측정 방법 : 부록「11. 위치도 공차의 3차원 측정기를 이용한 측정」참조

2 **동심도(동축도) 공차**

(1) 정의

회전체 등에서 축심이 기준 축심 위치에서 벗어난 크기를 말한다.

점의 동심도 공차는 축 임의 단면의 기준 중심점과 추출한 원의 중심점이 일치하지 않는 경우이다.

동축도는 형체의 축선이 추출한 제품의 축선과 일치하지 않은 크기이며 표시하는 기하공차 기호는 같다.

동심도는 공차는 기준과 벗어난 크기를 직경공차역 ϕ로 나타낸다.

추출된 중심점이 기준에서 떨어진 크기 r을 직경 공차역으로 나타내려면 중심점에서 떨어진 크기의 2배(2r)를 해야 한다.

축선에 대한 동심도(동축도)의 공차영역은 내부의 원통형상이다.

편심과 동심도는 기하학적인 작도 관점에서 유사하지만 편심은 일반적으로 설계상 인위적으로 중심의 편차를 주고자 하는 의도로 설정하므로 큰 치수 값을 갖게 되며 동심도는 가공 상태에서 일치해야 하는 위치가 떨어져 있는 허용 범위를 나타내므로 작은 값으로 제한된다.

(2) 동심도 규제

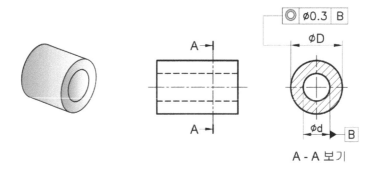

| 그림 3-94 | **단면보기에서 데이텀 설정과 동심도 규제**

데이텀 B는 속이 빈 원통의 축선에 설정 되었으며 A-A 단면 보기로 나타냈다

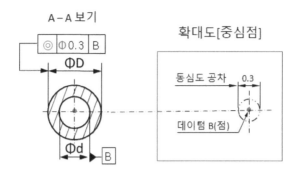

| 그림 3-95 | **동심도 축심 데이텀과 허용범위 확대도**

동심도는 데이텀과 원통의 바깥 표면 원주상의 중심점에 설정되어 있어 데이텀과의 두 중심이 떨어진 크기로 결정 된다.

데이텀 B의 속이 빈 원통의 중심점과 원통 바깥면의 중심점과의 거리에 의해 동심도가 결정된다.

(3) 동심(축)도 지시 도면

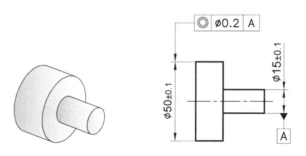

| 그림 3-96 | **원통의 축심간 동축도 규제**

작은 직경 원축심을 데이텀으로 큰 직경 원통 축심에 원통도를 지정한 경우로 작은 원통이 다른 형체와의 관계에서 기준으로 사용되거나 중요한 기능적인 면이 필요시 되었다고 볼 수 있다.

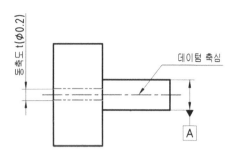

| 그림 3-97 | **데이텀 축심과 규제형체 동심도**

축선에 규제된 동축도이다.

규제형체 ϕ 50의 축선은 데이텀 축선에서 한쪽 방향의 편차가 최대 ϕ0.1 이내에 있어야 한다.

만일 규제형체의 축심이 데이텀에서 위·아래 대칭으로 있지 않고 한쪽으로 치우쳐져 있을 경우라면 동축도는 직경공차역(ϕ)으로 나타내므로 데이텀 축심에서 가장 크게 떨어진 값에 2배를 곱하여 동축도로 결정한다.

(4) 동심(동축)도의 3차원측정기를 이용한 측정방법

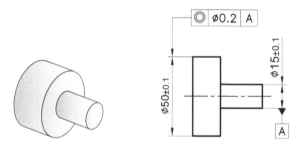

| 그림 3-98 | **원통의 축심 데이텀과 동축도 규제**

- 측정 결과의 신뢰성과 측정방법의 수월성을 고려하여 큰 직경 단면쪽을 3차원측정기 정반 면에 위치하여 두 축심이 측정기의 z축 방향에 놓이도록 하여 측정하는 것이 좋다.
- 데이텀 A원통의 축심위치가 측정좌표계 원점이 되도록 하여 측정한다.
- **측정 방법** : 부록 「12. 동심(동축)의 3차원 측정기를 이용한 측정」 참조

3 대칭도 공차

(1) 정의

데이텀을 중심으로 양 방향으로 존재하는 규제형체가 대칭으로 있어야 할 위치로
부터 벗어난 크기이다.

규제형체의 중간면이 데이텀 중심에서 벗어난 양을 대칭도라 한다.

데이텀 중심에서 어느 한쪽 방향으로 가장 크게 벗어난(편심) 양의 2배가 대칭도
공차 크기이다.

(2) 대칭도 공차 규제

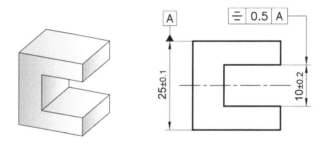

| 그림 3-99 | **중심평면 데이텀과 대칭도**

형체의 전체 요소 중심평면을 데이텀 A로 하여 지정된 홈의 중심평면에 대한 대칭
도를 규제한 도면으로 가운데 있는 사각 홈의 위치가 전체 형체의 가운데 있어야 하는
정밀도가 요구되는 경우에 규제한 대칭도이다.

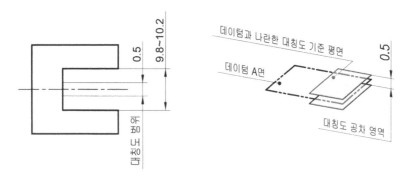

| 그림 3-100 | 데이텀의 중심평면과 대칭도 추출

대칭도는 규제 형체이 추출면이 데이텀 중심평면인 기준면과 같은 방향의 평행한 두 평면 사이의 폭이다. 그림은 데이텀 중심평면에 대해 규제형체 중심 평면 범위가 대칭으로 반분하여 있지만 현실에서는 한쪽 방향으로 치우쳐 있을 가능성이 있는데 이럴 경우 대칭도는 가장 크게 치우진 값의 두 배가 대칭도 값이 된다.

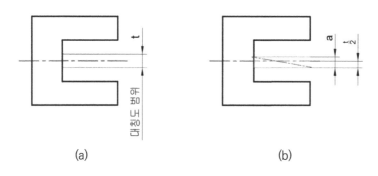

(a)   (b)

| 그림 3-101 | 중심평면 대칭도 추출

(a)는 기하학적으로 이상적인 대칭도 공차범위 이다.

(b)는 규제형체 중심선이 한쪽 방향으로 치우친 경우로 이와 같은 나타나는 경우는 t/2의 2배가 대칭도가 되며 a값 보다 큰 값이 된다.

(3) 대칭도 공차의 3차원측정기를 이용한 측정 방법

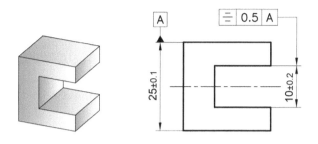

| 그림 3-102 | **중심평면 간의 대칭도**

- 3차원측정기 정반 면에 놓여진 제품의 데이텀 중심평면 생성은 평행평면 아이콘을 선택하여 두 평면을 순차적으로 측정하여 생성할 수 있다. 규제형체에 대해서도 평행평면 아이콘으로 상하 두 규제 평면을 측정하여 중심평면을 생성이 가능하다. 규제형체의 위쪽에 있는 면은 하향측정 방법으로 측정기 환경을 잘 고려하여야 한다.

- 수측정의 간략측정 방법

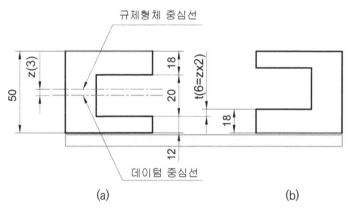

※ z: 데이텀과 규제형체 중심선의 편차

| 그림 3-103 | **중심평면 간 대칭도의 간략 측정 원리**

위 [그림 3-103]에서 (a)는 정반 면에 제품이 놓여져 있는 그림이고 (b)는 (a)의 도면 제품을 위·아래 뒤집어 놓은 상태의 그림이다.

대칭도 공차를 간략하게 측정하려는 경우(형체 특성상 가능한 경우) 제품을 상하 규제 면 측정시 정반 바닥 방향 면에서 차례로 거리를 구해 두 면의 단차 값으로 하면 된다. (a)와 (b)에서 단차는 「18-12」인 6이 된다.

이 결과는 (a) 그림에서 데이텀 중심에서 가장 크게 차우친 한쪽 쪽값(3)의 2배와 같다.

- **측정 방법** : 부록 「13. 대칭도 공차의 3차원 측정기를 이용한 측정」 참조

4 선의 윤곽도(데이텀 기준) 공차

(KS A ISO 1660)

(1) 정의

선의 윤곽도 공차는 개별 요소의 조합으로 이루어진 형체 윤곽선이 기준 윤곽에서 벗어난 크기를 말하는데, 데이텀을 기준으로 제품의 추출 윤곽 편차를 규제하는 것을 말한다.

선과 면의 윤곽도는 자세공차 분류와 위치공차 분류에 데이텀에 의한 공차로 동시에 분류 되는데 규제되는 윤곽형제가 자세특성인지 위치특성인지에 구분한 것이며 정의되는 의미는 동일하다. 그러므로 기하공차 추가기호의 집합평면이나 교차평면의 적용과는 무관하고 이것은 제품특성 필요시 적용된다.

(2) 데이텀에 의한 선의 윤곽도

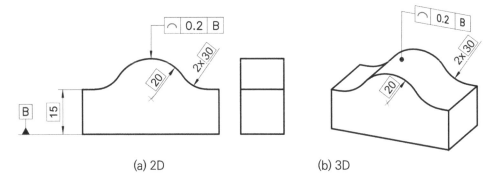

(a) 2D   (b) 3D

| 그림 3-104 | **데이텀에 의한 선의 윤곽도**

윤곽 형체에 대한 공차로 데이텀 B에 의해 규제되므로 윤곽도는 데이텀 B면을 기준으로 규제하는 윤곽 곡선의 CAD모델 치수 정보와 규제면 추출 정보와의 관계로 구해진다. CAD모델에서 R20 및 R30의 원호 정보는 제품의 기준 위치로부터 중심점의 좌표(x, y)가 정확하게 있어야 한다.

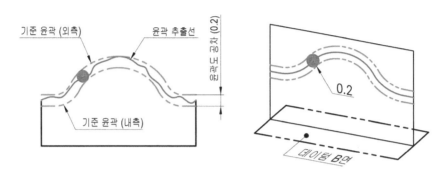

| 그림 3-105 | **윤곽도 단면에서 데이텀에 의한 윤곽도 추출**

추출 윤곽선은 데이텀 B면을 기준으로 윤곽 곡선의 치수 정보로 만들어진 기하학적인 기준 윤곽선이 있어 이 기준 윤곽선으로 된 내·외측 오프셋 간격이 윤곽도 허용치 0.2 이내이어야 한다.

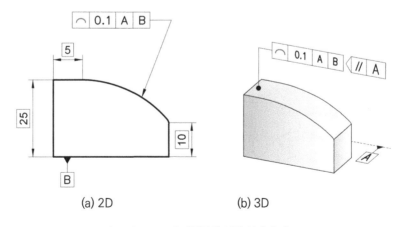

(a) 2D   (b) 3D

| 그림 3-106 | **데이텀에 의한 선의 윤곽도**

윤곽에 데이텀에 의한 선의 윤곽도가 규제되었으며 단일 3D에서 자세평면 추가 기호로 표시된 데이텀 A평면은 파선으로 된 데이텀 지시선이므로 뒤쪽에 가려진 수직한 평면이다.

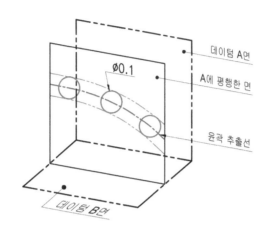

| 그림 3-107 | **자세평면 데이텀 A를 고려한 규제면의 윤곽도 추출**

데이텀에 의한 선의 윤곽 규제로 데이텀 A면에 평행하면서 데이텀 B를 기준으로 한 규제면 윤곽선은 이론적인 윤곽 기준으로부터 폭 0.1 범위 이내에 있도록 해야 한다.

(3) 선의 윤곽도(데이텀 기준) 공차의 3차원측정기를 이용한 측정

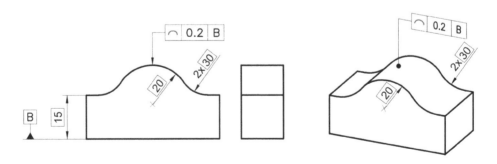

| 그림 3-108 | **데이텀 B 면에 기준한 선의 윤곽도**

- 선의 윤곽도 측정을 위한 기준윤곽은 CAD모델에서 가져온다.
- CAD모델은 여러 곡선 요소들의 좌표위치가 정확하게 되어 있어야 한다.
- CAD모델과 3차원측정기에 정반에 놓인 제품의 좌표계를 일치시킨 후 스캔 기능을 이용해서 윤곽도를 측정한다.

5 면의 윤곽도(데이텀 기준) 공차

(1) 정의

면의 윤곽도 공차는 개별 요소의 조합으로 이루어진 형체 윤곽면이 기준 윤곽에서 벗어난 크기를 말하는데, 데이텀을 기준으로 제품의 추출 윤곽 편차를 규제하는 것을 말한다.

(2) 데이텀에 의한 면의 윤곽도

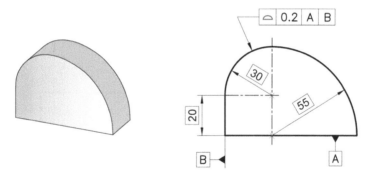

| 그림 3-109 | **데이텀에 의한 면의 윤곽도**

R30과 R55로 이루어진 복합 윤곽곡선이 데이텀 A와 데이텀 B를 기준으로 면의 윤곽도 0.2로 규제되어 있다.

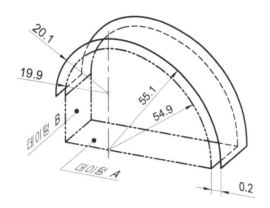

| 그림 3-110 | **데이텀에 의한 면의 윤곽도 공차 추출**

R30과 R55 크기로 이루어진 윤곽면은 그 중심위치에서 이론적으로 정확한 값으로 되어 있어야 하나 기준 원호의 내 · 외측 방향으로 0.1 씩 전체 0.2의 범위로 된 이론적인 기준 윤곽면 내에 있어야 한다. 즉 내부 윤곽면은 19.9 및 54.9의 반지름을 가지고 외부 윤곽면은 20.1 및 55.1의 반지름을 갖는다.

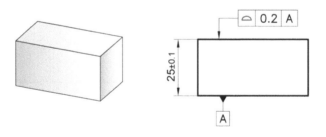

| 그림 3-111 | **데이텀에 의한 면의 윤곽도 규제 평면**

육면체 제품 형상의 바닥면을 데이텀으로 평면의 데이텀을 규제하고 있다.

데이텀 면은 이론적으로 정확한 면이라고 보아 측정기 정반면에 접했을 때 기준으로 데이텀이 설정된다.

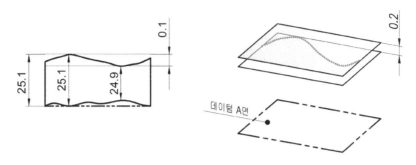

| 그림 3-112 | **데이텀 면과 윤곽도 규제면의 허용 범위**

규제면이 데이텀으로부터 이론적으로 정확한 치수가 아닌 25±0.1의 치수 공차로 주어져 있으므로 「KS A ISO 8015 제품의 형상 명세(GPS)- 기본 사항- 개념, 원칙 및 규칙」에서 제시한 독립의 원칙에 따라 임의 위치에서 위·아래로 마주하는 두 점간의 국부치수가 24.9~25.1 범위이면 된다.

데이텀 A면이 측정기 정반 면에 접했을 때 설정되는 바닥 기준선이 데이텀 기준선이다(25.1 치수 맨 아래 2점 쇄선).

면의 윤곽도는 데이텀 A면은 기하학적 이상적인 평면으로 정의되며 규제면에서 추출하는 모든 점들의 측정값은 데이텀 A면 방향으로 설정되는 두 기준평면 0.2 범위 내에 있어야 한다.

면의 윤곽도 추출 기준면은 데이텀 면과 같은 방향이다.

(3) 윤곽도 공차의 3차원측정기를 이용한 측정 방법

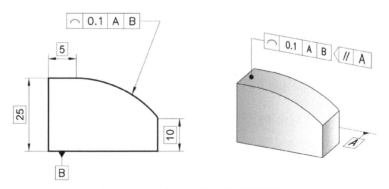

| 그림 3-113 | **데이텀에 의한 선의 윤곽도**

면의 윤곽도 측정을 위한 기준윤곽은 CAD모델에서 가져온다.

CAD모델은 여러 곡선 요소들의 좌표위치가 정확하게 되어 있어야 한다.

측정기의 SW 기능으로 커브기능, 자유곡면 측정기능이 내장되어 있어야 한다.

CAD모델과 3차원측정기에 정반에 놓인 제품의 좌표계를 일치시킨 후 스캔 기능을 이용해서 윤곽도를 측정한다.

04 흔들림 공차

흔들림 공차는 데이텀 축직선에 대해 축에 수직한 원주방향이나 축방향으로 이상적인 기준에서 벗어난 정도를 말한다.

• 축에 수직한 방향을 원주방향 또는 반경방향이라고도 한다.
• 축과 경사면을 이루는 형체의 면은 임의방향이라 한다.
• 반경방향 흔들림은 원주흔들림과 온흔들림이 있다.
• 축방향 흔들림도 원주흔들림과 온흔들림이 있다.

즉, 원주흔들림과 온흔들림은 반경방향 흔들림 공차와 축방향 흔들림 공차으로 구분해서 측정, 해석되지만 용어 분류상으로는 구분하지 않고 도면에 표시된 내용으로 구분해서 해석한다.

1 원주흔들림 공차

(1) 정의

데이텀 축직선에 대해 회전체 규제형체를 임의위치에서 직각방향으로 단면했을 때 추출 점이 데이텀 중심점 기준위치에서 벗어난 반경상의 크기이다.

원형형체의 반경상의 크기는 진원도의 반경상의 크기를 결정하는 것과 같은 원리이다.

원주흔들림은 원주둘레 방향인 반경방향과 원통의 축 방향으로 구분하여 판단하여야 한다.

(2) 원주흔들림 규제

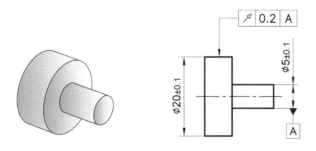

| 그림 3-114 | **원통의 표면에 원주 방향 흔들림**

$\phi5$ 원통의 축심을 데이텀으로 $\phi20$ 원통의 표면에 대해 원주방향 흔들림을 규제하였다.

규제된 원통의 표면은 치수공차 범위 내에서 일정하지 않은 공차를 가질 수 있는데 이 편차는 원주흔들림으로 나타나게 된다.

데이텀 A 원통의 축선에 직각인 단면의 규제원통 동심원은 반경 상 0.2의 편차를 허용한다.

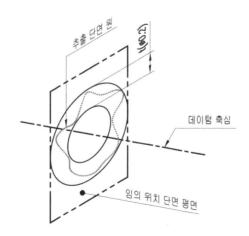

데이텀 축 직각에서 규제원통의 단면과 흔들림 추출

규체형체 원주 표면에서 데이텀 축심에 수직하게 단면하여 추출된 원주는 공차 t(0.2)의 내외접원 영역 안에 있어야 한다.

규제 원통의 폭 내 여러 지점의 축직각 단면 윤곽선에서 내외접 원을 찾아 반경상의 크기가 가장 큰 값을 제품의 원주흔들림으로 한다.

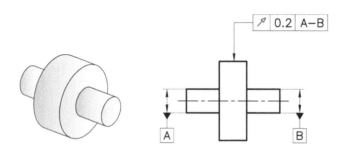

| 그림 3-115 | **공통데이텀에 의한 원주흔들림**

규체형체 원주 표면은 개별데이텀 A와 B의 축선이 설정되고 두 축선에 의해 공통데이텀 A-B 축심이 생성되면 이 공통데이텀 축선에 수직하게 규제형체 원통을 단면하여 추출하여 원주흔들림을 결정한다.

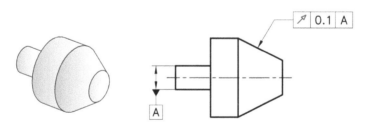

| 그림 3-116 | **원뿔 경사면에 흔들림 규제**

원주흔들림 공차 결정은 단독데이텀에 의한 경우와 동일하다.

규체형체 원주 표면은 경사면으로 데이텀 A 축심에 수직하게 단면하여 추출된다.

추출 원주의 편차 방향은 경사면에 대한 수직방향이다.

경사면이 곡선일 경우는 접점에서 법선 방향으로 편차방향을 갖는다.

경사면 수직방향 원주 흔들림 허용 공차는 0.1이다.

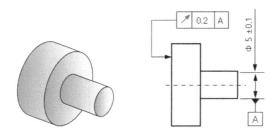

| 그림 3-117 | **원통의 단면부위 축방향 흔들림**

$\phi 5$ 원통의 축심을 데이텀으로 큰 직경의 원통 단면 부위 표면에 원주 흔들림을 규제하였다.

즉 원주흔림의 축방향 원주흔들림으로 도면처럼 투상되어 놓여진 방향에서 좌우 방향(축방향)으로 얼마나 정밀해야 하는지를 규제하고 있다.

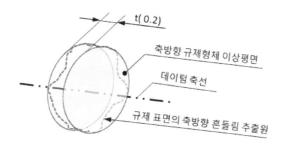

| 그림 3-118 | **축방향 원주흔들림의 공차 추출**

규체형체는 데이텀 축선과 같은 방향으로 원주흔들림이 규제된다.

축 방향 이상평면의 폭은 0.2로 규제 표면의 일정 반경에서 추출한 축방향 원주흔들림은 이 범위 내에 있어야 한다.

규제 표면(단면)은 원통의 중심에서 바깥 쪽으로 반경이 점차 확대되어 원통 표면에 도달 되는데 여러 반경의 위치에서 흔들림을 추출하여 가장 큰 값을 축방향 원주흔들림 공차로 한다.

(3) 원주흔들림의 3차원측정기를 이용한 측정 방법

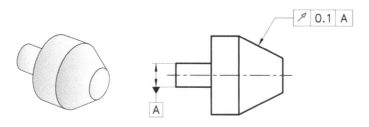

| 그림 3-119 | **원뿔 표면에 원주 방향 흔들림**

- 데이텀 원통 형체를 측정하여 축심에 대해 측정좌표계를 지정을 마친 후 원 측정 아이콘으로 원뿔을 측정하여 원주흔들림 공차를 구한다.
- 원뿔 측정시에는 축방향 단면 측정 위치를 고정하여 도면에 놓여진 좌우방향의 여러 지점에서 측정하여야 한다.
- **측정 방법** : 부록 「14. 원주 흔들림의 3차원 측정기를 이용한 측정」 참조

2 온흔들림 공차

(1) 정의

데이텀 축직선에 대해 회전체 규제형체 표면이 축직각 방향으로 기준치수에서 벗어난 반경상의 크기이다.

반경상의 크기는 추출표면의 내접원통과 외접원통의 벽 두께 크기와 같다.

온흔들림은 원주둘레 방향인 반경방향과 원통의 축 방향으로 구분되므로 도면에 표시된 형식을 판단하여 적용해야 한다.

(2) 온흔들림의 규제

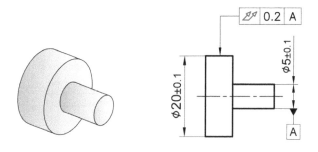

| 그림 3-120 | **원통표면에 온흔들림 규제**

$\phi 5$ 원통의 축심을 데이텀으로 $\phi 20$ 원통의 표면 전체를 원주방향 흔들림을 규제하였다.

규제된 원통의 표면은 치수공차 범위 내에서 일정하지 않은 공차를 가질 수 있다.

추출된 표면 전체 지점이 포함된 내접원통과 외접원통 벽 두께를 온흔들림 공차라 한다.

내·외접 원통은 데이텀 축심과 일치하여야 한다.

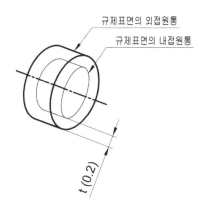

| 그림 3-121 | **축방향 온흔들림의 공차 추출**

규체형체의 표면은 데이텀 축심에 수직한 방향으로 추출한다.

추출된 전 표편은 내·외접원통 내에 있어야 한다.

내·외접 동심원통의 반경상 크기는 0.2이다.

(3) 온흔들림의 3차원측정기를 이용한 측정 방법

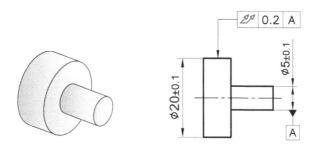

| 그림 3-122 | **원통 축심 데이텀 기준 원통표면에 온흔들림 규제**

데이텀 원통 형체를 측정하여 축심에 대해 측정좌표계를 지정을 마친 후 원통 측정
아이콘으로 규제 원통을 측정하여 온주흔들림 공차를 구한다.

원통 측정시에는 두 단면 이상의 위치에서 다수의 측정 점 값을 측정하여야 한다.

---

05   윤곽도 공차의 분류별 비교

윤곽도는 형상공차로써의 윤곽도, 자세공차로써의 윤곽도, 위치공차로써의 윤곽
도로 각각 분류되고 해석되는데 형상, 자세, 위치 관련 윤곽도를 비교하여 설명할 수
있다.

윤곽이란 불규칙한 곡선의 조합으로 이루어진 형상인데 세 가지로 비교 이해를 쉽
게 하고자 제시된 그림처럼 윤곽 형상 제품을 가정할 때 도면 ⓐ는 윤곽도 규제도면,
ⓑ는 ⓐ의 측정결과 도면, ⓒ는 경사면일 경우 윤곽도 결정을 위한 도면이다.

1 형상공차 적용 윤곽도

(1) 도면 특징 : 데이텀 없이 규제

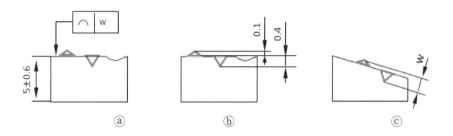

ⓐ ⓑ ⓒ

(2) 윤곽도 값 추출

- ⓑ에서 기준윤곽면(규제된 면)이 상하로 떨어진 폭(거리)로 계산
- ⓒ의 경우도 데이텀이 없으므로 규제요소의 기준면에 따라 윤곽도 결정되며 윤
  곽도는 치수 공차 규제 방향과 같지 않음

(3) 윤곽도 값

- ⓑ에서 윤곽도 $w=0.5(0.1+0.4)$
- ⓒ형상에서윤곽도는 w크기이다

2 자세공차 관련 윤곽도

(1) 도면 특징 : 데이텀 한 개(바닥면 등) 사용

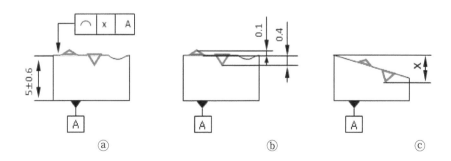

ⓐ ⓑ ⓒ

(2) 윤곽도 값 추출

- 제품 치수공차(±0.6)범위 내에 윤곽이 존재하는지 확인해야 한다
- 윤곽이 +쪽(바깥)이나 - 쪽(안)에서 한 곳이라도 치수공차 범위 값을 벗어났으면 불량품이 됨
- ⓑ에서 윤곽도는 기준윤곽면(데이텀A)와 평행한 방향으로 기준 면이 상하로 떨어진 폭(거리)로 계산

(3) 윤곽도 값

- 윤곽도x= 0.5(0.1+0.4)
- ⓒ형상에서규제면의 윤곽도는 x값의 범위이다.

3 위치공차 관련 윤곽도

(1) 도면 특징

두 개 이상의 데이텀과 함께 이론적으로 정확한 치수에 의한 기준의 윤곽도 지정

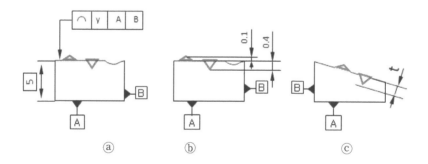

ⓐ   ⓑ   ⓒ

(2) 윤곽도 값 추출

이론적으로 정확한 지점의 기준면에서 가장 멀리 떨어진 거리의 2배가 윤곽도이다.

(3) 윤곽도 값

- ⓑ에서 윤곽도는 0.8(=0.4×2)이다.
- ⓒ형상에서 기준윤곽에서 가장 멀리 떨어진 거리의 2배가 윤곽도이므로 아래쪽 방향 t에 의해 윤곽도 y =t×2이다.

부록 1

기하공차 측정 방법_ D사 3차원측정기 기준

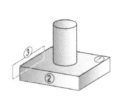

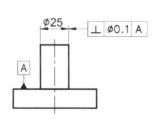

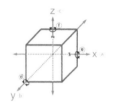

※ 데이텀 계 6자유도
직선운동 : ⓐ, ⓑ, ⓒ 3개
회전운동 : ⓓ, ⓔ, ⓕ 3개

순서	선택메뉴	설명	측정결과
1		평면 측정 아이콘을 선택한 후 ①번 평면을 평면요소로 측정한다. [9점 3점 x 3라인)이상 측정 권장]	
2		F10 → F2를 선택하여 클릭하면 공간정렬이 완료된다. Z축 원점 = '0'	회전운동 : ⓓ,ⓔ 구속 직선운동 : ⓒ 구속
3		직선 측정 아이콘을 선택한 후 ②번 평면을 직선요소로 측정한다. [3점 (같은 높이에서 측정 권장)]	
4		F10 → F3를 선택하여 클릭하면 평면회전이 완료된다. Y축 원점 = '0'	회전운동 : ⓕ 구속 직선운동 : ⓑ 구속
5		점 측정 아이콘을 선택한 후 ③번 평면을 점 요소로 측정한다.	
6		F10 → F4를 선택하여 클릭하면 원점지정 완료된다. X축 원점 = '0'	직선운동 : ⓐ 구속
7		원통측정 아이콘을 선택한 후 Ø25 원통을 원통요소로 측정한다. [12점 (4점 x 3단면)이상 측정 권장]→ 결과창에서 원통을 더블클릭한다. → 직각도(⊥) 아이콘을 선택한다.	
8	⊥	직각도 관련행이 나타나면 기준값에 0.1을 입력한다. 직각도를 계산하기 위해 직각도 기호를 더블클릭한다. → 1차 Datum에 평면1을 선택하고 확인을 누른다.	

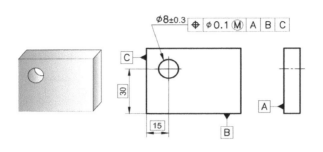

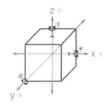

※ 데이텀 계 6자유도
직선운동 : ⓐ, ⓑ, ⓒ 3개
회전운동 : ⓓ, ⓔ, ⓕ 3개

순서	선택메뉴	설명	측정결과
1	F4	평면 측정 아이콘을 선택한 후 'A' 데이텀 평면을 평면요소로 측정한다.	
2	F10 → F2	F10 (좌표계 정렬)→ F2를 선택하여 클릭하면 공간정렬이 완료된다. Y축 원점 = '0'	**회전운동 : ⓔ,ⓕ 구속** **직선운동 : ⓑ 구속**
3	F3	직선 측정 아이콘을 선택한 후 'B' 데이텀 평면을 직선요소로 측정한다.	
4	F10 → F3	F10 → F3를 선택하여 클릭하면 평면회전이 완료된다. X축 원점 = '0'	**회전운동 : ⓓ 구속** **직선운동 : ⓒ 구속**
5	F2	점 측정 아이콘을 선택한 후 'C' 데이텀 평면을 점요소로 측정한다	
6	F10 → F3	F10 → F4를 선택하여 클릭하면 원점지정 완료된다.	
7	F5	원 측정 아이콘을 선택한 후 Ø8 원을 원 요소로 측정한다. [4점을 같은 원주선상에서 측정] → 결과창에서 원을 더블클릭한다. → 위치도 (⊕) 아이콘을 선택한다.	
8	⊕	위치도 관련행이 나타나면 기준값에 0.1M을 입력한다.(M=MMC공차) 위치도를 계산하기 위해 기준값에(X=15, Y=30, D=8)입력 후원의 상,하한공차 ±0.3을 입력	

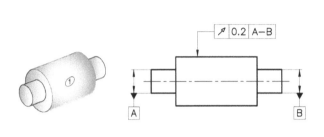

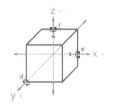

※ 데이텀 계 6자유도
직선운동 : ⓐ, ⓑ, ⓒ 3개
회전운동 : ⓓ, ⓔ, ⓕ 3개

순서	선택메뉴	설명	측정결과
1		원 측정 아이콘을 선택한 후 'A' 데이텀 원통을 원 요소로 측정한다.	
2		원 측정 아이콘을 선택한 후 'B' 데이텀 원통을 원 요소로 측정한다.	
3		측정결과 창에서 원1과 원2를 선택하면 요소 관계창이 나타난다. F5를 선택한다. (공간 직선이 생성 된다.)	원과 원을 지나는 직선이 생성 된다.
4		F10 → F2를 선택하여 클릭하면 공간정렬이 완료된다. Z, Y축 원점 = '0'	ⓓ,ⓔ의 회전운동구속
5		원 측정 아이콘을 선택한 후 ① 원통을 원 요소로 측정한다.	
6		결과창에서 원을 더블클릭한다. → 원주흔들림 (✓) 아이콘을 선택한다. 원주 흔들림 관련행이 나타나면 기준값에 0.2를 입력한다. 원주 흔들림을 계산하기 위해 원주흔들림 기호를 더블클릭한다. → 1차 Datum에 직선1을 선택하고 확인을 누른다.	

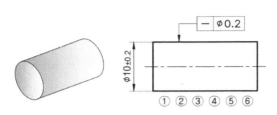

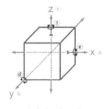

※ 데이텀 계 6자유도
직선운동 : ⓐ, ⓑ, ⓒ 3개
회전운동 : ⓓ, ⓔ, ⓕ 3개

순서	선택메뉴	설명	측정결과
1	F7	원통 측정 아이콘을 선택한 후 원통을 측정한다.	
2	F10 → F2	F10 → F2를 선택하여 클릭하면 공간정렬이 완료된다. X, Y축 원점 = '0'	ⓓ,ⓔ의 회전운동구속
3	F5	원 측정 아이콘을 선택한 후 ① ~ ⑥까지 원 요소로 측정한다.	
4		측정한 ①~⑥원 x.y 결과값의 최대값–최소값을 진직도 값으로 결정한다.	

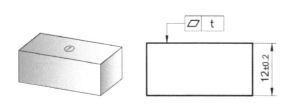

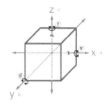

※ 데이텀 계 6자유도
직선운동 : ⓐ, ⓑ, ⓒ 3개
회전운동 : ⓓ, ⓔ, ⓕ 3개

순서	선택메뉴	설명	측정결과
1	F4	평면 측정 아이콘을 선택한 후 평면 ①을 평면 요소로 측정한다.	
2		결과창에서 평면1을 더블클릭한다. → 평면도 (▱) 기호를 선택한다. 평면도 관련행이 나타나면 기준값에 을 입력한다. 보고서 뷰를 선택하여 평면도 그래프를 출력한다.	

진원도의 3차원 측정기를 이용한 측정

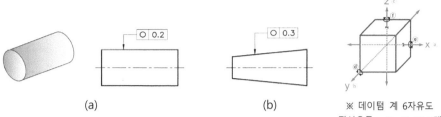

(a)   (b)

※ 데이텀 계 6자유도
직선운동 : ⓐ, ⓑ, ⓒ 3개
회전운동 : ⓓ, ⓔ, ⓕ 3개

a			
순서	선택메뉴	설명	측정결과
1	F7	원통 측정 아이콘을 선택한 후 원통을 측정한다. [12점 (4점×3단면)이상 측정 권장]	
2	F10 → F2	F10 → F2를 선택하여 클릭하면 공간정렬이 완료된다. [X, Y축 원점 = '0']	ⓓ,ⓔ의 회전운동구속
3	F5	원 측정 아이콘을 선택한 후 원통 ① 을 원 요소로 측정한다. ['Z' 축을 고정한 후 같은 원주선상에서 측정한다.]	
4	○	결과창에서 원1을 더블클릭한다. → 진원도 (○)기호를 선택한다. 진원도 관련행이 나타나면 기준값에 0.2를 입력한다.	

b			
순서	선택메뉴	설명	측정결과
1	F8	원통 측정 아이콘을 선택한 후 원뿔을 측정한다. [12점 (4점×3단면)이상 측정 권장]	
2	F16 → F2	F10 → F2를 선택하여 클릭하면 공간정렬이 완료된다. [X, Y축 원점 = '0']	ⓓ,ⓔ의 회전운동구속
3	F5	원 측정 아이콘을 선택한 후 원뿔 ①을 원 요소로 측정한다. ['Z' 축을 고정한 후 같은 원주선상에서 측정한다.]	
4	○	결과창에서 원1을 더블클릭한다. → 진원도 (○)기호를 선택한다. 진원도 관련행이 나타나면 기준값에 0.3을 입력한다.	

원통도의 3차원 측정기를 이용한 측정

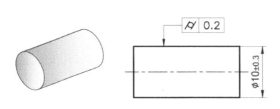

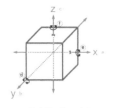

※ 데이텀 계 6자유도
직선운동 : ⓐ, ⓑ, ⓒ 3개
회전운동 : ⓓ, ⓔ, ⓕ 3개

순서	선택메뉴	설명	측정결과
1		원통 측정 아이콘을 선택한 후 원통을 원통 요소로 측정한다.	
2		결과창에서 원통1을 더블클릭한다. → 원통도 (⌭) 기호를 선택한다. 원통도 관련행이 나타나면 기준값에 0.2를 입력한다. 보고서 뷰를 선택하여 원통도 그래프를 출력한다.	

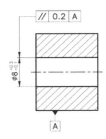

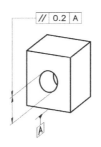

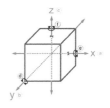

※ 데이텀 계 6자유도
직선운동 : ⓐ, ⓑ, ⓒ 3개
회전운동 : ⓓ, ⓔ, ⓕ 3개

순서	선택메뉴	설명	측정결과
1	F4	평면 측정 아이콘을 선택한 후 데이텀 A 평면을 평면 요소로 측정한다.	
2	F7	원통 측정 아이콘을 선택한 후 Ø8 원통을 원통 요소로 측정한다.	
3	//	결과창에서 원통1을 더블클릭 한다. → 평행도 (//) 기호를 선택한다. 평행도 관련행이 나타나면 기준값에 0.2를 입력한다. 평행도를 계산하기 위해 평행도 기호를 더블클릭 한다. → 데이텀 설정창이 출력된다. → 1차 Datum에 평면1을 선택하고 확인을 누른다.	

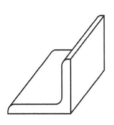

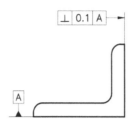

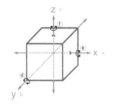

※ 데이텀 계 6자유도
직선운동 : ⓐ, ⓑ, ⓒ 3개
회전운동 : ⓓ, ⓔ, ⓕ 3개

순서	선택메뉴	설명	측정결과
1	F4	평면 측정 아이콘을 선택한 후 데이터 A 평면을 평면 요소로 측정한다.	
2	F4	평면 측정 아이콘을 선택한 후 수직한 규제면 평면을 측정한다.	
3	⊥	결과창에서 평면2를 더블클릭 한다. → 직각도 (⊥) 기호를 선택한다. 직각도 관련행이 나타나면 기준값에 0.1을 입력한다. 직각도를 계산하기 위해 직각도 기호를 더블클릭 한다. → 데이텀 설정창이 출력된다. → 1차 Datum에 평면1을 선택하고 확인을 누른다.	

10 경사도 공차의 3차원 측정기를 이용한 측정

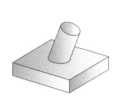
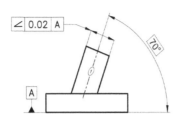
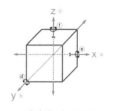

※ 데이텀 계 6자유도
직선운동 : ⓐ, ⓑ, ⓒ 3개
회전운동 : ⓓ, ⓔ, ⓕ 3개

순서	선택메뉴	설명	측정결과
1	F4	평면 측정 아이콘을 선택한 후 데이텀 A 평면을 평면 요소로 측정한다.	
2	F7	원통 측정 아이콘을 선택한 후 원통① 을 원통 요소로 측정한다.	
3	∠	결과창에서 원통1을 더블클릭 한다. → 경사도 (∠) 기호를 선택한다. 경사도 관련행이 나타나면 기준값에 0.02를 입력한다. 경사도를 계산하기 위해 경사도 기호를 더블클릭 한다. → 데이텀 설정창이 출력된다. → 1차 Datum에 평면1을 선택한다. → 기준각도에 70을 입력한 후 확인을 누른다.	

위치도 공차의 3차원 측정기를 이용한 측정

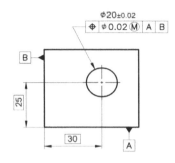

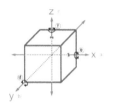

※ 데이텀 계 6자유도
직선운동 : ⓐ, ⓑ, ⓒ 3개
회전운동 : ⓓ, ⓔ, ⓕ 3개

순서	선택메뉴	설명	측정결과
1	F4	평면 측정 아이콘을 선택한 후 'A' 데이텀 평면을 평면요소로 측정한다.	
2	F10 → F2	F10 → F2를 선택하여 클릭하면 공간정렬이 완료된다. Y축 원점 = '0'	회전운동 : ⓔ,ⓕ 구속 직선운동 : ⓐ 구속
3	F3	직선 측정 아이콘을 선택한 후 'B' 데이텀 평면을 직선요소로 측정한다.	
4	F10 → F3	F10 → F3를 선택하여 클릭하면 평면회전이 완료된다. X축 원점 = '0'	회전운동 : ⓓ 구속 직선운동 : ⓑ 구속
5	F5	원 측정 아이콘을 선택한 후 Ø20 원을 원 요소로 측정한다. [4점을 같은 원주선상에서 측정] → 결과창에서 원을 더블클릭한다. → 위치도(⊕) 아이콘을 선택한다.	
6	⊕	위치도 관련행이 나타나면 기준값에 0.55M을 입력한다. (M=MMC공차) 위치도를 계산하기 위해 기준값에(X=30, Y=25, D=20)입력하고원의 상,하한공차 ±0.02를 입력한다.	

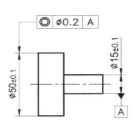

◎ ∅0.2 A

∅50±0.1 ∅15±0.1

A

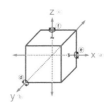

※ 데이텀 계 6자유도
직선운동 : ⓐ, ⓑ, ⓒ 3개
회전운동 : ⓓ, ⓔ, ⓕ 3개

순서	선택메뉴	설명	측정결과
1	F7	원통 측정 아이콘을 선택한 후 데이텀 A 원통을 원통 요소로 측정한다.	
2	F10 → F2	F10 → F2를 선택하여 클릭하면 공간정렬이 완료된다. Y,Z축 원점 = '0' (회전운동 : ⓓ,ⓕ 구속 직선운동 : ⓒ,ⓑ 구속)	
3	F5	원 측정 아이콘을 선택한 후 ∅50 원을 원 요소로 측정한다.	
4	◎	결과창에서 원1을 더블클릭 한다. → 동심도(◎) 기호를 선택한다. 동심도 관련행이 나타나면 기준값에 0.2를 입력한다. 동심도을 계산하기 위해 동심도 기호를 더블클릭 한다. → 데이텀 설정창이 출력된다. → 1차 Datum에 원통1을 선택한다.	

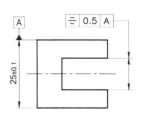

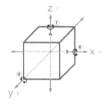

※ 데이텀 계 6자유도
직선운동 : ⓐ, ⓑ, ⓒ 3개
회전운동 : ⓓ, ⓔ, ⓕ 3개

순서	선택메뉴	설명	측정결과
1	F8	평행평면 측정 아이콘을 선택한 후 데이텀 A 두 평면을 각각 4점씩 8점 측정한다. (두 평면 사이의 평형평면이 생성 된다.)	
2	F10 → F2	F10 → F2를 선택하여 클릭하면 공간정렬이 완료된다.	
3	F8	평행평면 측정 아이콘을 선택한 후 안쪽 두 평면을 각각 4점씩 8점 측정한다.	
4	＝	결과창에서 평행평면2을 더블클릭 한다. → 대칭도 (＝) 기호를 선택한다. 대칭도 관련행이 나타나면 기준값에 0.5를 입력한다. 대칭도을 계산하기 위해 대칭도 기호를 더블클릭 한다. → 데이텀 설정창이 출력된다. → 1차 Datum에 평행평면 1을 선택한다.	

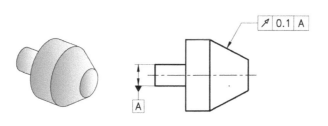

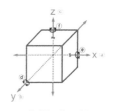

※ 데이텀 계 6자유도
직선운동 : ⓐ, ⓑ, ⓒ 3개
회전운동 : ⓓ, ⓔ, ⓕ 3개

순서	선택메뉴	설명	측정결과
1	F7	원통 측정 아이콘을 선택한 후 데이텀 'A' 원통을 원통 요소로 측정한다.	
2	F10 → F2	F10 → F2를 선택하여 클릭하면 공간정렬이 완료된다. Z, Y축 원점 = '0' Rz, Ry의 회전운동구속	
3	F5	원 측정 아이콘을 선택한 후 원뿔 ① 을 원 요소로 측정한다. (단, 같은 원주선상에서 측정한다.)	
4	⚡	결과창에서 원을 더블클릭한다. → 원주흔들림 (⚡) 아이콘을 선택한다. 원주 흔들림 관련행이 나타나면 기준값에 0.1을 입력한다. 원주 흔들림을 계산하기 위해 원주흔들림 기호를 더블클릭한다. → 1차 Datum에 원통1을 선택하고 확인을 누른다.	

부록 2

기하공차 측정 방법_ C사 3차원측정기 기준

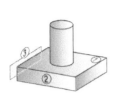

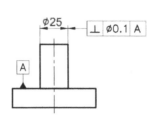

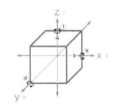

※ 데이텀 계 6자유도
직선운동 : ⓐ, ⓑ, ⓒ 3개
회전운동 : ⓓ, ⓔ, ⓕ 3개

● 기하공차 직각도 측정

순서	선택메뉴	설명	측정결과
1	**측정요소** → ◆ 면	측정요소 → 면 선택 후 더블클릭 → Datum A 평면을 측정 [9점 (3점x3라인)이상 측정 권장]	**면1 생성**
2	**측정요소** → 🛢 원통	측정요소 → 원통 선택 후 더블클릭 → 원통을 측정 [12점 (4점x3단면)이상 측정 권장]	**원통1 생성**
3	**기하공차** → ⊥ 직각도	기하 공차 → 직각도 선택 후 더블클릭 → 요소에 원통1 선택 후 1차 데이텀에 면1 선택 → 공차에 0.1 입력	**직각도 측정**

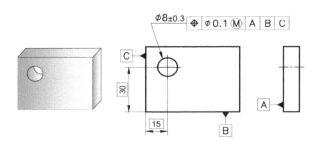

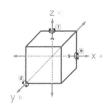

※ 데이텀 계 6자유도
직선운동 : ⓐ, ⓑ, ⓒ 3개
회전운동 : ⓓ, ⓔ, ⓕ 3개

● 기하공차 위치도 측정

순서	선택메뉴	설명	측정결과
1	측정요소 → ◆ 면	측정요소 → 면 선택 후 더블클릭 → Datum A 평면을 측정 [9점 (3점x3라인)이상 측정 권장]	면1 생성
2	측정요소 → ◆ 면	측정요소 → 면 선택 후 더블클릭 → Datum B 평면을 측정 [9점 (3점x3라인)이상 측정 권장]	면2 생성
3	측정요소 → • 점	측정요소 → 점 선택 후 더블클릭 → Datum C 평면을 점요소로 측정	점1 생성
4	측정 플랜 → 얼라인먼트 설정 기계 좌표계	측정플랜 → 얼라인먼트설정 → 베이스얼라인먼트 → 공간정렬에 면1 선택 → 평면회전에 면2 선택 → x원점에 점1 선택 → y원점에 면2 선택 → z원점에 면1 선택	**직선운동** ⓐ, ⓑ, ⓒ **회전운동** ⓓ, ⓔ, ⓕ
5	측정요소 → ○ 원	측정요소 → 원 선택 후 더블클릭 → 원을 측정 → 원의 기준값과 공차 입력 [8점 이상 측정 권장]	원1 생성
6	기하공차 → ⊕ 위치도	기하공차 → 위치도 선택 후 더블클릭 → 요소에 원1 선택 후 1차데이텀에 베이스얼라인먼트→ 기준값에 x:15, y:30 입력,공차 0.1 입력 → (MMC)선택	위치도 측정

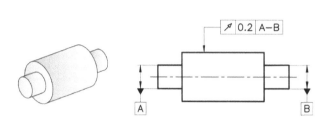

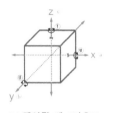

※ 데이텀 계 6자유도
직선운동 : ⓐ, ⓑ, ⓒ 3개
회전운동 : ⓓ, ⓔ, ⓕ 3개

● 기하공차 원주흔들림 측정

순서	선택메뉴	설명	측정결과
1	측정요소 → 원통	측정요소 → 원통 선택 후 더블클릭 → Datum A 원통을 측정 [12점 (4점x3단면)이상 측정 권장]	원통1 생성
2	측정요소 → 원통	측정요소 → 원통 선택 후 더블클릭 → Datum B 원통을 측정 [12점 (4점x3단면)이상 측정 권장]	원통2 생성
3	측정요소 → 원	측정요소 → 원 선택 후 더블클릭 → 원을 측정 [8점 이상 측정 권장]	원1 생성
4	조합요소 → 3-D 라인	조합요소 → 3D라인 선택 후 더블클릭 → 옵션에서 되부르기 선택 후 ctrl 누르고 원통1과 원통2 선택 → 확인	원통1과 원통2의 중심축이 이어진 3D라인 1생성
5	기하공차 → 원주 흔들림	기하공차 → 흔들림 → 반경방향 원주흔들림 선택 후 더블클릭 → 요소에 원1 선택 후 1차 데이텀에 3D라인1 선택 → 공차에 0.2 입력	원주흔들림 측정

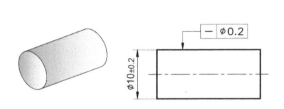

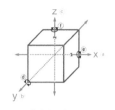

※ 데이텀 계 6자유도
직선운동 : ⓐ, ⓑ, ⓒ 3개
회전운동 : ⓓ, ⓔ, ⓕ 3개

● 기하공차 진직도 측정

순서	선택메뉴	설명	측정결과
1	측정요소 → ⬤ 원통	측정요소 → 원통 선택 후 더블클릭 → 원통을 측정 [8점 (4점×2단면)측정]	원통1 생성
2	자원 → ⎿ 얼라인먼트	자원 → 얼라인먼트 선택 후 더블클릭 → 공간정렬에 원통1 선택	얼라인먼트1 생성
3	측정요소 → ◯ 원	측정요소 → 원 선택 후 더블클릭 → 원을 측정 [원통을 여러 개의 원으로 나눈다고 생각하고 다수의 원을 측정한다]	원 다수생성
4	조합요소 → 3-D 라인	조합요소 → 3D라인 선택 후 더블클릭 → 옵션에서 되부르기 선택 후 ctrl 누르고 측정해 놓은 다수의 원들선택 → 확인	3D라인 1 생성
5	기하공차 → ▭ 진직도	기하공차 → 진직도 선택 후 더블클릭 → 요소에 3D라인1 선택 후 공차에 0.2 입력	진직도 측정

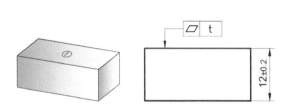

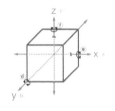

※ 데이텀 계 6자유도
직선운동 : ⓐ, ⓑ, ⓒ 3개
회전운동 : ⓓ, ⓔ, ⓕ 3개

● 기하공차 평면도 측정

순서	선택메뉴	설명	측정결과
1	측정요소 → ◆ 면	측정요소 → 면 선택 후 더블클릭 → 평면을 측정 [9점 (3점x3라인)이상 측정 권장]	면1 생성
2	기하공차 → ▢ 평면도	기하공차 → 평면도 선택 후 더블클릭 → 요소에 면1 선택 → 공차입력	평면도 측정

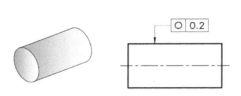

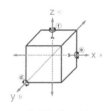

※ 데이텀 계 6자유도
직선운동 : ⓐ, ⓑ, ⓒ 3개
회전운동 : ⓓ, ⓔ, ⓕ 3개

● 기하공차 진원도 측정

순서	선택메뉴	설명	측정결과
1	측정요소 → ◯ 원	측정요소 → 원 선택 후 더블클릭 → 원을 측정 [8점 이상 측정 권장]	원1 생성
2	기하공차 → ◯ 진원도	기하공차 → 진원도 선택 후 더블클릭 → 요소에 원1 선택 → 공차에 0.2 입력	진원도 측정

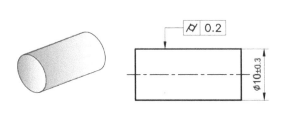

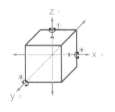

※ 데이텀 계 6자유도
직선운동 : ⓐ, ⓑ, ⓒ 3개
회전운동 : ⓓ, ⓔ, ⓕ 3개

● 기하공차 원통도 측정

순서	선택메뉴	설명	측정결과
1	**측정요소** → 🛢 원통	측정요소 → 원통 선택 후 더블클릭 → 원통을 측정 [12점 (4점x3단면)이상 측정 권장]	원통1 생성
2	**기하공차** → ⌀ 원통도	기하공차 → 원통도 선택 후 더블클릭 → 요소에 원통1 선택 → 공차에 0.2 입력	원통도 측정

08 평행도 공차의 3차원 측정기를 이용한 측정

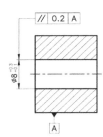

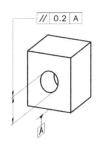

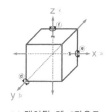

※ 데이텀 계 6자유도
직선운동 : ⓐ, ⓑ, ⓒ 3개
회전운동 : ⓓ, ⓔ, ⓕ 3개

● 기하공차 평행도 측정

순서	선택메뉴	설명	측정결과
1	측정요소 → 면	측정요소 → 면 선택 후 더블클릭 → Datum A 평면을 측정 [9점 (3점x3라인)이상 측정 권장]	면1 생성
2	측정요소 → 원통	측정요소 → 원통 선택 후 더블클릭 → 원통을 측정 [12점 (4점x3단면)이상 측정 권장]	원통1 생성
3	기하공차 → // 평행도	기하공차 → 평행도 선택 후 더블클릭 → 요소에 원통1 선택 후 1차 데이터에 면1 선택 → 공차에 0.2 입력	평행도 측정

09 직각도 공차의 3차원 측정기를 이용한 측정

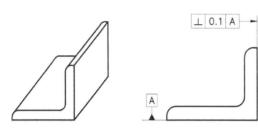

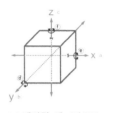

※ 데이텀 계 6자유도
직선운동 : ⓐ, ⓑ, ⓒ 3개
회전운동 : ⓓ, ⓔ, ⓕ 3개

● 기하공차 직각도 측정

순서	선택메뉴	설명	측정결과
1	측정요소 → ◆ 면	측정요소 → 면 선택 후 더블클릭 → Datum A 평면을 측정 [9점 (3점x3라인)이상 측정 권장]	면1 생성
2	측정요소 → ◆ 면	측정요소 → 면 선택 후 더블클릭 → 우측평면을 측정 [9점 (3점x3라인)이상 측정 권장]	면2 생성
3	기하공차 → ⊥ 직각도	기하공차 → 직각도 선택 후 더블클릭 → 요소에 면2 선택 후 1차 데이텀에 면1 선택 → 공차에 0.1 입력	직각도 측정

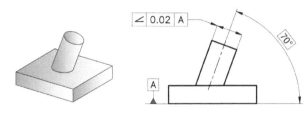

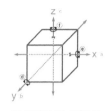

※ 데이텀 계 6자유도
직선운동 : ⓐ, ⓑ, ⓒ 3개
회전운동 : ⓓ, ⓔ, ⓕ 3개

● 기하공차 경사도 측정

순서	선택메뉴	설명	측정결과
1	측정요소 → 🔷 면	측정요소 → 면 선택 후 더블클릭 → Datum A 평면을 측정 [9점 (3점x3라인)이상 측정 권장]	면1 생성
2	측정요소 → 🛢 원통	측정요소 → 원통 선택 후 더블클릭 → 원통을 측정 [12점 (4점x3단면)이상 측정 권장]	원통1 생성
3	기하공차 → ∠ 경사도	기하공차 → 경사도 선택 후 더블클릭 → 요소에 원통1 선택 후 1차 데이텀에 면1 선택 → 기준각에 70° 입력 후 공차에 0.02 입력	경사도 측정

위치도 공차의 3차원 측정기를 이용한 측정

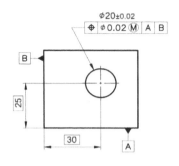

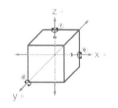

※ 데이텀 계 6자유도
직선운동 : ⓐ, ⓑ, ⓒ 3개
회전운동 : ⓓ, ⓔ, ⓕ 3개

● 기하공차 위치도 측정

순서	선택메뉴	설명	측정결과
1	측정요소 → ◆ 면	측정요소 → 면 선택 후 더블클릭 → Datum A평면을 측정 [9점 (3점x3라인)이상 측정 권장]	면1 생성
2	측정요소 → ◆ 면	측정요소 → 면 선택 후 더블클릭 → Datum B평면을 측정 [9점 (3점x3라인)이상 측정 권장]	면2 생성
3	측정 플랜 → 얼라인먼트 설정 3개 등록	측정플랜 → 얼라인먼트설정 → 베이스얼라인먼트 → 공간정렬에 면1 선택 → 평면회전에 면2 선택 → x원점에 면2 선택 → y원점에 면1 선택	측정좌표계 생성
4	측정요소 → ◯ 원	측정요소 → 원 선택 후 더블클릭 → 원을 측정 → 원의 기준값과 공차 입력 [8점 이상 측정 권장]	원1 생성
5	기하공차 → ⊕ 위치도	기하공차 → 위치도 선택 후 더블클릭 → 요소에 원1 선택 후 1차데이텀에 베이스얼라인먼트선택 → 기준값에 x:30, y:25 입력 후 공차에 0.55 입력 → (MMC)선택	위치도 측정

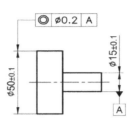

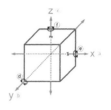

※ 데이텀 계 6자유도
직선운동 : ⓐ, ⓑ, ⓒ 3개
회전운동 : ⓓ, ⓔ, ⓕ 3개

● 기하공차 동심(동축)도 측정

순서	선택메뉴	설명	측정결과
1	측정요소 → 원통	측정요소 → 원통 선택 후 더블클릭 → Datum A원통을 측정 [12점 (4점x3단면)이상 측정 권장]	원통1 생성
2	측정요소 → 원통	측정요소 → 원통 선택 후 더블클릭 → 동심도 측정 요소 부위 원통으로 측정 [12점 (4점x3단면)이상 측정 권장]	원통2 생성
3	기하공차 → 동심도	기하공차 → 동심도 선택 후 더블클릭 → 요소에 원통2 선택 후 1차데이텀에 원통1 선택 → 공차에 0.2 입력	동심(동축)도 측정

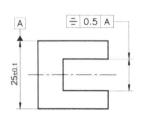
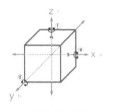

※ 데이텀 계 6자유도
직선운동 : ⓐ, ⓑ, ⓒ 3개
회전운동 : ⓓ, ⓔ, ⓕ 3개

● 기하공차 대칭도 측정

순서	선택메뉴	설명	측정결과
1	측정요소 → ◆ 면	측정요소 → 면 선택 후 더블클릭 → 바깥쪽 윗면을 측정 [9점 (3점x3라인)이상 측정 권장]	면1 생성
2	측정요소 → ◆ 면	측정요소 → 면 선택 후 더블클릭 → 바깥쪽 아랫면을 측정 [9점 (3점x3라인)이상 측정 권장]	면2 생성
3	측정요소 → ◆ 면	측정요소 → 면 선택 후 더블클릭 → 안쪽 윗면을 측정 [9점 (3점x3라인)이상 측정 권장]	면3 생성
4	측정요소 → ◆ 면	측정요소 → 면 선택 후 더블클릭 → 안쪽 아랫면을 측정 [9점 (3점x3라인)이상 측정 권장]	면4 생성
5	조합요소 → ▦ 대칭	조합요소 → 대칭 선택 후 더블클릭 → 요소1에 면1 선택, 요소2에 면2 선택	대칭1 생성(Datum A)
6	조합요소 → ▦ 대칭	조합요소 → 대칭 선택 후 더블클릭 → 요소1에 면3 선택, 요소2에 면4 선택	대칭2 생성
7	기하공차 → 〓 대칭	기하공차 → 대칭도 선택 후 더블클릭 → 요소에 대칭2 선택 후 1차 데이텀에 대칭1 선택 → 공차에 0.5 입력	대칭도 측정

원주흔들림의 3차원 측정기를 이용한 측정

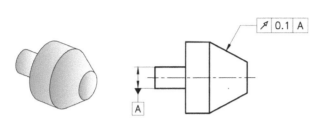

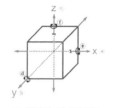

※ 데이텀 계 6자유도
직선운동 : ⓐ, ⓑ, ⓒ 3개
회전운동 : ⓓ, ⓔ, ⓕ 3개

● 기하공차 원주 흔들림 측정

순서	선택메뉴	설명	측정결과
1	측정요소 → 원통	측정요소 → 원통 선택 후 더블클릭 → Datum A원통을 측정 [12점 (4점×3단면)이상 측정 권장]	원통1 생성
2	측정요소 → 원	측정요소 → 원추선택 후 더블클릭 → (원추 측정값에서) 원 요소 되부르기 [8점 이상 측정 권장]	원1 생성
3	기하공차 → 원주 흔들림	기하공차 → 흔들림 → 반경방향 원주흔들림 선택 후 더블클릭 → 요소에 원1 선택 후 1차 데이텀에 원통1 선택 → 공차에 0.1 입력	원주흔들림 측정

기초부터 실무까지 **기하공차**

초판발행 2024년 09월 20일
개정발행 2024년 09월 27일
지은이 김보영·호춘기
펴낸이 노소영
펴낸곳 도서출판 마지원
등록번호 제559-2016-000004
전화 031)855-7995
팩스 02)2602-7995
주소 서울 강서구 마곡중앙로 171
http://blog.naver.com/wolsongbook

ISBN | 979-11-92534-43-5 (93550)

정가 22,000원